数字孪生与教育变革研究

Research on Digital Twin and the Change of Education

刁生富　陈惠　高敏冰　著

中山大学出版社
SUN YAT-SEN UNIVERSITY PRESS

·广州·

图书在版编目（CIP）数据

数字孪生与教育变革研究/刁生富，陈惠，高敏冰著．—广州：中山大学出版社，2024.4

ISBN 978-7-306-08111-7

Ⅰ．①数…　Ⅱ．①刁…　②陈…　③高…　Ⅲ．①数字技术—影响—教育改革—研究　Ⅳ．①TP3　②G511

中国国家版本馆 CIP 数据核字（2024）第 107928 号

SHUZI LUANSHENG YU JIAOYU BIANGE YANJIU

出　版　人：王天琪
策划编辑：杨文泉
责任编辑：杨文泉
封面设计：曾　斌
责任校对：靳晓虹
责任技编：靳晓虹
出版发行：中山大学出版社
电　　话：编辑部 020-84110283，84113349，84111997，84110779，84110776
　　　　　发行部 020-84111998，84111981，84111160
地　　址：广州市新港西路 135 号
邮　　编：510275　　　　传　真：020-84036565
网　　址：http://www.zsup.com.cn　　E-mail：zdcbs@ mail.sysu.edu.cn
印　刷　者：广州方迪数字印刷有限公司
规　　格：787mm×1092mm　1/16　15.5 印张　222 千字
版次印次：2024 年 4 月第 1 版　　2024 年 4 月第 1 次印刷
定　　价：45.00 元

本书由佛山大学学术著作出版
基金资助出版

前言

人类社会发展史和文明史有多悠久，人类探讨"教育"的历史就有多悠久。教育，无论是对个人还是对社会都有着举足轻重的意义。教育作为一种有目的的培养人的社会活动，将始终影响甚至决定人的思想品德、认知能力、审美情操、劳动能力以及个性发展，是整个人类群体生存的重要方面之一。实际上，教育贯穿着人的一生。

教育也是对科技最敏感的领域之一，科技的发展必将对教育产生深远的影响，致使教育方方面面产生变革。当今时代，以数据化和智能化为主导的数字革命正以前所未有的速度和规模，改变着人类的生产和生活、经济和社会。互联网、大数据、云计算、物联网、人工智能、数字孪生、元宇宙等数字技术不断融合升级，成为数字经济发展的技术支撑，重构出数字化生存的新态势。数字孪生技术将会快速、全方位、颠覆性地改变整个社会形态、社会生产和生活方式、社会组织结构，甚至是社会治理模式。数字孪生将开启万物交融互联新时代，与人工智能、物联网、大数据等新兴智能技术群交叉赋能，为支撑各领域的智能建设源源不断地注入新动能，推动信息空间、物理空间和社会空间相融合，提升现实世界与虚拟世界之间的融合程度，最终实现人与科技的可持续发展。独具特色的数字孪生对于推动教育变革无疑能够起到先导性作用，它凭借超前和高度智能的关键技术体系重构了现行教育的教学形态，丰富了教育的教学模式，拓展了教育的教学方式，创造出一个沉浸式、无边界的智慧学习新空间。在新一轮科技革命和产业变革一路高歌以及学科交叉融合不断发展的大背景下，数字孪生与教育的融合成为可能，并将为未来教育开辟发展新领域、新赛道，不断塑造发展新动能、新优势。

凭借超群的技术体系，数字孪生将彻底地影响和变革教育的方方面面，推动教育不断向纵深发展。在数字孪生时代，整个教育活动仍然离不开实体的教师与学生，因此必须突出其在教学活动中的主导地位和主体性，同时也使得师生关系发生微妙的变化，使之朝着"使学生真正学会学习"和培养学生高阶思维与实践能力的方向不断迈进。同时，数字孪生技术赋能的个性化学习、沉浸式学习、无边界学习，数字孪生技术支持下的跨学科整合型教育层出不穷，为学生提供了各种超乎想象的数字孪生智慧学习空间，打造了虚实环境高度融合的数字孪生讲台，构建了"平行时空"中的师生本体——数字孪生人，为师生带来全新的教与学以及体验和教育效果。此外，学生能够在跨越时空界限、同频重叠的学习空间中自由发展、全面发展，其在场方式正面临着重新塑造。

本书将与读者一同领略数字孪生时代的教育变革境况。千变万化和虚实共生是数字孪生时代的基本特征，也是未来社会的新常态，教育是伴随生命始终的活动，我们必须探索创新教育理念、教育方式、教育手段，以适应时刻变化的时代要求，加快建设高质量教育体系，发展素质教育，促进教育公平。

本书写作过程中，参考了大量国内外文献，在此特向有关研究者和作者致以最真诚的谢意。我的研究生孔湘莹参与了第十章初稿的写作，中山大学出版社杨文泉编辑为本书的出版付出了巨大心血，在此一并致以最真诚的谢意。对书中存在的不足之处，敬请读者批评指正。

习生富

2023 年 12 月 6 日

目 录

CONTENTS

第十章 ／ 数字孪生教育应用的伦理探讨

第一章

数字孪生技术及其在教育中的应用

当今时代，以数据化和数智化为主导的数字革命正以前所未有的速度和规模，改变着人类的生产和生活、经济和社会。互联网、大数据、云计算、物联网、人工智能、数字孪生、元宇宙等数字技术不断融合升级，成为数字经济发展的技术支撑，重构出数字化生存的新态势。2017 年，在全球权威咨询机构 Gartner 发布的新兴科学技术成熟度曲线中，提出未来十年驱动数字化业务的三大趋势：人工智能（artificial intelligence，AI）、透明沉浸式体验（transparently immersive experiences）和数字平台（digital platforms），如图 1-1 所示。在这个大趋势之下，新兴科技要求革新能够提供海量的有效数据、先进的计算能力及广泛赋能生态系统的各种基础架构。这当中有一项引人注目的"重量级"技术——数字孪生技术。Gartner 连续三年（2016—2018 年）将数字孪生列为当年十大战略科技发展趋势之一。世界最大的武器生产商洛克希德马丁公司于 2017 年 11 月将数字孪生列为未来国防和航天工业六大顶尖技术之首。

数字孪生技术将会快速、全方位、颠覆性地改变整个社会形态、社会生产、生活方式、社会组织结构，甚至是社会治理模式。数字孪生将开启万物交融互联新时代，与人工智能、物联网、大数据等新兴智能技术群交叉赋能，为支撑各领域的智能建设源源不断地注入新动能，推动信息空间、物理空间和社会空间相融合，提升现实世界与虚拟世界之间的融合程度，最终实现人与科技的可持续发展。数字孪生是未来数字经济发展的新蓝图，与大数据、人工智能、5G、云计算等先进技术并驾齐驱，作为"新基建"重要组成部分之一，将有望被列入国家核心技术发展战略。

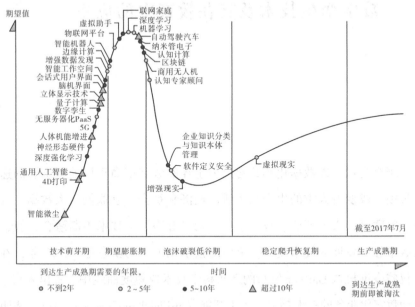

图 1-1　Gartner 新兴技术兴衰周期（2017 年 7 月）

（资料来源：Gartner Inc.）

教育作为国之大计，必将得到优先发展。独具特色的数字孪生对于推动教育变革无疑能够起到先导性的作用，它凭借超前和高度智能的关键技术体系，重构了现行教育的教学形态，丰富了教育的教学模式，拓展了教育的教学方式，创造出一个沉浸式、无边界的智慧学习新空间，从而有效助力科教兴国战略和人才兴国战略的实施。

一、数字孪生的内涵与发展历程

在认识数字孪生技术及其在教育中的应用之前，先来了解一下其内涵和发展历程。

（一）数字孪生的内涵

数字孪生（digital twin，DT）的概念最早是由美国密歇根大学迈克尔·格里夫斯（Michael Grieves）教授于 2003 年在教授产品全生命周期管理课程（product lifecycle management，PLM）时提出的，并被定义为包括实体产品、虚拟产品以及二者间的连接的三维模型。由此，这一概念在智能制造领域逐渐被熟知。经过格里夫斯及约翰·维克斯（John Vickers）等人的研究，"镜像空间模型"这一概念逐步演变为数字孪生，表现形式也从物理-虚拟空间的映射逐步发展成一种新的管理模式。

美国国防部"先发制人"，将数字孪生的概念应用到航天飞行器的健康维护等当中，并将其定义为一个集成了多物理量、多尺度、多概率的仿真过程，基于飞行器的物理模型构建其完整映射的虚拟模型，利用历史数据以及传感器实时更新的数据，刻画和反映物理对象的全生命周期过程。此外，我国数字孪生先驱陶飞及其团队也提及了数字孪生的定义：数字孪生以数字化的方式建立物理实体的多维、多时空尺度、多学科、多物理量的动态虚拟模型来仿真和刻画物理实体在真实环境中的属性、行为、规则等。[1]

从以上概念分析可知，国内外的研究者对数字孪生概念的定义不尽相同，但其主旨和核心表述是一致的，即数字孪生是实现物理世界与虚拟世界信息融合的一种有效手段。

数字孪生又称"数字映射""数字镜像""数字双胞胎"，是由物理实体对象及其动作复制而成的数字化副本，进而能够实现模拟、预测、监督、评定和优化物理的运行机制和运行状态的功能。它是科学技术高度发展的产物，有望成为人类认识、诊断与检测物理世界并实时反映物理世界的重要工具之一。

---

[1]　陶飞、刘蔚然、张萌等：《数字孪生五维模型及十大领域应用》，载《计算机集成制造系统》2019 年第 1 期，第 1-18 页。

具体而言，数字孪生就是通过其关键技术把物理世界中具体实体对象映射到虚拟空间中。值得注意的是，它不是对物理对象的简单克隆，而是通过数据驱动刻画了一个区别于物理世界，但又与物理世界实时联通的虚实交融的数字世界。它不仅能够还原物理本体的内部状态、外部环境，而且能够与物理世界进行实时互动。比如，数字孪生在航天航空领域的应用，它能够构建一个虚拟的飞机舱数字孪生体，这个孪生体完整地复制了这架飞机各个部位的当前状态，以及它目前所处的环境，并通过飞机孪生体实时提供和反馈的数据对飞机实体状态做出精准的判断、监督、调整。当飞机实体发生故障时，相应的数据就会通过数字孪生服务系统实时传输到虚拟模型中并反馈这种异常情况，紧接着数字孪生体就能对异常情况做出相应的解决对策并反映到飞机物理实体中，从而及时避免空难等安全事故的发生。

（二）数字孪生的发展历程

20世纪四五十年代，涵盖半导体、原子能和计算机技术等新型技术的第三次工业革命爆发，拉开了人类信息时代的序幕。在往后的数十年里，信息的价值得到了越来越多的重视。而信息技术作为信息价值的挖掘工具，因具有巨大的、潜在的商业价值和生产价值而得到了日新月异的发展。21世纪到来之际，信息技术的发展更是登上了新台阶。在云计算、大数据、人工智能等计算技术纵深发展以及4G/5G、WiFi等连接技术伟大飞跃的背景下，人们对数字技术提出了更高的要求。人们希望在信息化的基础上，进一步实现技术的数字化、网络化、智能化、可视化、人性化等功能，将数字技术从个人消费领域推向包括工业制造、交通物流、教育医疗等在内的各个相关行业，从而实现全行业乃至全社会的数字化转型的宏愿。数字孪生就在这个时代背景下应运而生。下面将探索数字孪生的发展历程。

数字孪生的发展可以追溯到60多年前。1961年，美国国家航空航天局（National Aeronautics and Space Administration，NASA）在制造领域"阿波罗计划"中提及并使用"孪生体/双胞胎"的概念。在该项目中，NASA制造了两个完全等同的空间飞行器。其中，被安排在地球上运作的空间飞行器称为"孪生体"，其作用是反映正在执行任务的空间飞行器的实时状态。换言之，这个孪生体在当中起到了镜像和映射的作用，即孪生体是通过仿真技术实时反映真实运行情况的样机或模型。

2003年，迈克尔·格里夫斯教授在密歇根大学的产品生命周期管理（PLM）课程中提出了"与物理产品等价的虚拟数字化表达"的概念，并给出定义：一个或一组特定装置的数字复制品，能够抽象表达真实装置并以此为基础进行真实条件或模拟条件下的测试。[①] 可见，当时格里夫斯教授并没有将这个概念称为"数字孪生"，而后在2003—2005年这个概念被赋予"镜像的空间模型"的名称，继而在2006—2010年被冠上"信息镜像模型"的称号。直到2011年，格里夫斯教授在其著作《几乎完美：通过PLM驱动创新和精益产品》中引用了与其合作者约翰·维克斯阐述的该概念的名词——"数字孪生体"，并一直沿用至今。

2011年，数字孪生体踏上了新征程，迎来了更好的发展契机。美国空军实验室将其应用于飞行器维护和寿命预测等问题当中，以提高问题解决的效率，进而促进了美国空军领域的飞速发展。2012年，美国空军研究实验室继而提出了"机体数字孪生体"（见图1-2）的概念：机体数字孪生体是可以用来对机体是否满足任务条件而进行模拟和判断的制造和维护机体的超写实模型，其主体模型是由许多子模型组成的集成模型。同年，美国国家航空航天局与美国空军研究实验室联合发表了关于数字孪生体的论文，当中提到了"把数字孪生体列为驱动未来发展的关键技术之一"。同时，NASA和美国空军研究实验室共同协作并提出了未来飞行器的数字孪生体范例，以满足未来飞行器轻质量、高负载、长续航的需求。可见，数

① 庄存波、刘检华、熊辉等：《产品数字孪生体的内涵、体系结构及其发展趋势》，载《计算机集成制造系统》2017年第4期，第753-768页。

字孪生登上了新的"历史舞台"。

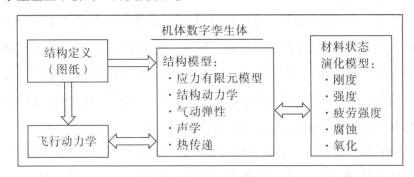

图 1-2　机体数字孪生体

（资料来源，庄存波、刘检华、熊辉等：《产品数字孪生体的内涵、体系结构及其发展趋势》，载《计算机集成制造系统》2017 年第 4 期，第 753-768 页。）

2015 年，美国通用电气公司计划基于数字孪生体，通过其自身搭建云服务平台 Predix，采用大数据、物联网等先进技术实现对发动机的实时监控、及时检查和预测性维护。这意味着数字孪生势不可当地从航天航空领域"蔓延"到电气行业，不断横向发展。

2017 年，北京航空航天大学陶飞教授及其团队——国内最早一批研究数字孪生技术的学者——在《计算机集成制造系统》期刊上发表了《数字孪生车间——一种未来车间运行新模式》《数字孪生模型构建理论及应用》等文章，提出了数字孪生车间的运行模式，明确了数字孪生的内涵、主要特征、系统组成、关键要素、核心技术等，为我国认识数字孪生提供了系统的理论体系和参考方法。如今，陶飞教授所带领的数字孪生技术团队已经走过了十余年的时光，实现了从理论探索到技术研发，再到实际应用，对我国的信息技术发展起到了不可磨灭的推动作用。

2019 年，我国成立了全球首个数字孪生体的行业组织——数字孪生体联盟。2020 年，我国"十四五"规划纲要明确提出要"探索建设数字孪生城市"，并且目前在上海、海南等地率先开展了数字孪生城市的相关实践。2020 年，美国和德国也相继成立了该类型组织。由此说明，数字孪生在国内与国外均得到了高度的重视和应用。

　　数字孪生在理论和实践方面都取得了快速发展，同时其应用范围也在逐渐扩大，实现了从产品设计阶段到产业制造以及运维服务等阶段的"华丽蜕变"。当然，目前数字孪生的应用领域仅被开发了不足1%，具有极大的潜在价值，亟待我们去挖掘。

二、数字孪生的典型特征

　　有趣的是，2009年12月16日全球上映了一部影片 *Avatar*（《阿凡达》），其中有两项令人耳目一新的黑科技：一是"脑—脑接口"，通过人来控制DNA匹配的阿凡达；二是"意志控制肢体"，实现机器人和人的动作同步，这就是"双胞胎"技术。而2018年3月30日上映的科幻电影《头号玩家》，现实世界中的人在游戏《绿洲》的虚拟世界里也有另外一个自己，这大概就是所谓的"数字双胞胎"。如今，随着互联网、物联网、云计算、大数据、人工智能、区块链等新兴技术的发展，时代发生了翻天覆地的变化，人类生活趋向数字化和智能化，数字孪生技术推动人类社会进入一个全新的数字智能时代——数字孪生时代，而数字孪生具有许多鲜明的特征，其中包括四个最基本、最典型的特征：虚实融通、数据驱动、动态更新、人机交互。

（一）虚实融通

　　目前，大多数数字技术只能对物理实体进行静态反映，不能实时更新和反馈物理实体的动态情况，进而无法使管理者或操作者及时做出正确的决策和优化调整，但具备虚实融通特征的数字孪生技术能够有效地解决这一问题。

　　数字孪生通过在数字空间中构建物理实体的数字化表征与精准映射、实时响应的机制，实现物理世界与数字世界的互联、互通、互操作。换言之，数字孪生能够构建起连接物理世界和数字空间的双向沟通渠道，达到无障碍和流畅的虚实交流、虚实往返、虚实切换的效果。数字孪生通过宏观层面和微观层面的赋能使得数字虚拟空间对物理世界的描述达到超写实性的呈现效果。

第一，虚实融通的宏观层面。一方面，通过感知、仿真、建模等技术，将物理实体的性质、状态、行为等实时映射到其数字孪生体上，从而全面、准确、动态地反映物理实体的状态变化。另一方面，通过数字孪生体的反馈，充分感知物理实体的运行态势，预测其发展规律，并根据分析结果对物理实体的行为状况进行协调和控制，从而达到以虚控实的目的。[①]这种物理世界与虚拟世界之间的双向映射、互联互通，使数字孪生具有虚实共生、以虚控实的显著特征。

第二，虚实融通的微观层面。首先，数字孪生通过模块集成的方式把多种几何模型、物理结构模型、材料模型等聚合起来，形成一个多尺度、多维度、多层次的总体集成模型，即这个集成的数字化映射模型不仅需要描述实体对象的几何特性（如形状、尺寸、公差等），还需要描述实体对象的物理特性（如材料的刚度、强度、硬度、疲劳强度等）。同时，数字孪生遵循层次性原则，针对性地构建起各个不同物理实体所对应的数字孪生体，目的是实现对模型的层次化、精准化、精细化管理。譬如，飞机数字孪生模型包括机架模型、飞行控制系统模型、推进控制系统模型等。其次，数字孪生通过其优势技术——精准镜像技术来实现物理世界与虚拟世界的虚实融通。构建真实世界的虚拟化精准镜像是数字孪生的核心功能之一。它涵盖了两个层次：一是状态镜像，即数字孪生虚拟空间对真实世界的实时状态进行深层次的、精准的数字化呈现；二是特征镜像，即数字孪生虚拟空间能够对系统的运行状态和行为的特征进行准确捕捉和实时记录。

---

① 王璐、张兴旺：《面向全周期管理的数字孪生图书馆理论模型、运行机理与体系构建研究》，载《图书与情报》2020年第5期，第86-95页。

（二）数据驱动

过去，部分科学技术的"通病"是数据创新方面的动力不足，没有充分重视数据重要性和提升数据驱动能力是导致现有智能技术和非智能技术无法克服自身局限性的原因之一。然而，数字孪生能够实时联通和调动各方面的数据，形成一个高度互通的数字化体系。可以说，数据驱动是数字孪生赋能科技创新和产业发展的"制胜法宝"。

数据是数字孪生的核心驱动力。数字孪生通过对物理实体的各项历史数据和实时数据进行采集和分析，进而驱动高保真的孪生模型不断优化和修正，以适应不同运行情景下面对特定对象的个性化和响应式服务，即通过数据驱动，数字孪生能够进行全要素、全流程、全业务的集成与融合。此外，我们需要悉知，数字孪生服务系统、物理空间、虚拟空间均以孪生数据为基础，通过数据驱动实现自身的正常运行以及两两之间的实时交互。数据驱动贯穿了数字孪生的全过程，其中包括了数字孪生服务系统、物理空间、虚拟空间。

第一，就数字孪生服务系统来说，物理空间的实时状态数据驱动服务系统对各方要素进行科学的配置和优化，并形成初始运行计划。而后，初始的运行计划被传递给虚拟空间进行仿真和检验。在虚拟空间的数据驱动下，服务系统将不断改善和调整运行计划直至其呈现出最优状态。

第二，就物理空间来说，当服务系统将最优计划下达至物理空间时，物理空间各要素将会在此指令数据的驱动下将各方指标和参数调整至最佳状态并开始运作。同时，物理空间运作过程中的数据也会无缝衔接地传送给虚拟空间，使得虚拟空间能够对物理空间进行实时管理和监督。

第三，就虚拟空间来说，在未运行阶段，虚拟空间接收到服务系统运行计划的实时数据并在此数据的驱动下映射并优化整个运行过程，实现对资源的最大化利用。在运行阶段，物理空间对虚拟空间的实时数据驱动使得虚拟空间对运行过程进行仿真分析、记录、连接、预测及优化等，推动运行过程有序进行。

换言之，通过数据驱动能够使物理空间中的人、机、物、环境等全要素被全面融入信息空间，实现了各空间的互联互通和实时共享，进而促进了各要素合理配置和优化组合，确保了一切活动的顺利进行。同时，通过数据驱动能够实现活动全流程的集成与融合，使数据贯穿于活动的所有环节，从而能够及时发现各个流程存在的问题，挖掘潜在的规则，进而最大化地发挥系统应有的功能和优势。此外，通过数据驱动能够实现活动全业务的集成与融合，即能够实现各方数据共享，消除"信息孤岛"的根源性问题，从而使得系统的整体效率得到有效提高。

（三）动态更新

过去，移动网络技术、通信技术、多媒体等技术或多或少都会存在这样的窘境——网络延迟、网络卡顿、网络拥挤等现象，最终通过终端呈现给用户，使其体验感"大打折扣"。而全系统运行的动态程度在一定意义上也能反映和代表技术的智能化程度。因此，各项创新型技术都在致力于使自身不断具备"动态更新"的特征优势。而数字孪生作为真实系统在全生命周期中的伴生体，除了捕捉真实系统的初始特征，还能够与真实系统同步演变。[①] 这无疑使数字孪生在先进技术领域占有了"一席之位"。

数字孪生的动态更新是指数字孪生体凭借传感器技术、物联感知类技术、图像识别类技术和平台采集类技术等，实现对物理对象的实时感知，并通过高保真的孪生模型智能化地对物理空间的各项历史数据、实时数据、整体数据进行动态分析、拆解与更新，从而实现数字孪生体的动态更新。例如，数字孪生智能制造车间管理者可以通过孪生车间远程监控、实时分析并预测车间的生产状况，在生产过程中及时调整生产任务的难度和数量，从而保证车间生产能力的负荷维持在合理范围内，减少机器损耗并

---

① 王成山、董博、于浩等：《智慧城市综合能源系统数字孪生技术及应用》，载《中国电机工程学报》2021 年第 5 期，第 1597–1608 页。

提升生产效率，达到对车间生产能力进行动态把握的目的，实现工业化生产的智能制造。

此外，数字孪生的自适应能力可以使其实现动态优化的功能。数字孪生根据实体对象的各项数据对实体对象进行动态仿真，能够打破时空限制，24 小时智能化不间断地、连贯地更新动态变化的数据，即数字孪生能够实现当原模型发生变化时发出数据更改的信号，系统接收到指令之后会即时更新最新数据，帮助管理者在无须调动物理空间参数的情况下快速生成并提供相应问题的解决策略。我们以数字孪生在教育领域中的应用为例来分析此项功能。数字孪生教育空间利用人工智能技术、云计算技术、大数据分析技术和机器学习等实时分析教与学过程的相关数据，预测教学过程中可能出现的问题，进而提出教学的改进策略，即数字孪生的动态更新不仅能够为教师和学生持续提供具备自我优化功能的学习环境、动态丰富的学习资源以及与时俱进的学习内容，而且能够根据学习者的学习行为、学习状态和学习成绩等要素持续为教学活动参与者更新和供给智能的学习辅助算法、学习资源推送内容以及学习引导策略等。

动态更新作为数字孪生必不可少的关键特征之一，数字孪生的动态更新能够使物理空间、虚拟空间以及服务系统两两之间环环相扣、不断交互、迭代优化，同时它也是保证数字孪生系统内部"生态循环"良好和有序运行的"秘诀"。

（四）人机交互

目前，数字孪生已经在多领域（如航天航空、智能制造、智慧城市等）中得到了一定程度的应用。不难想象，日后数字孪生也将在生活家居、个人健康服务等领域大放异彩。生活中将会随处可见人机交互的数字孪生现象。一方面，物联网技术使我们的生活变得更加智能化，它需要一个中央管理系统对安全系统、电视网络、WiFi、电冰箱、太阳能、电热水器、厨具设备、中央空调等系统进行统一管理。而数字孪生技术将成为其中的关键构成部分，也将成为未来家庭需求管理的智能化系统之一。另一方面，全体社会成员都将拥有一个独一无二的数字孪生体，即根据各类新式医疗检测和扫描仪器设备及其可穿戴设备构建出一个数字化人体，并能够跟踪这一数字化人体每一部分的运动与行为变化，进而能够更好地开展健康监测和管理。

数字孪生通过多种传感设备或终端实现与物理世界的动态交互，将物理世界与数字世界连接为整体，从而实现数字孪生实时、准确获取物理客体的信息，并进行实时计算与分析。[①] 数字孪生的交互设计包括人与物理实体的交互、人与虚拟孪生体的交互、虚实孪生体的交互以及人机共生体的洞见交互。[②] 其中，人与物理实体的交互以控制数字孪生体为基础，实现对物理实体的监督、管理和优化。同时，数字孪生体与物理实体之间存在着动态的、平等的、精确的数据交互关系，以映射的方式达到人机交互的状态。以智能制造领域为例，通过数字孪生交互聚敛的功能支持，车间管理者不仅能够实现客观主体与孪生主体的身心交互，深度感知和体会数字孪生学习环境中的生产资料、人际互动以及运行状态，而且能够实现物理实体、数字孪生体以及虚实空间主体之间的深度融合与交互，从而实现虚实融合、身心融合、人机共生。

三、技术建构：数字孪生的五个层次

数字孪生技术正逐渐渗透到人类工作、生活与学习场景中。数字孪生持续助力各行业数字化转型，并推动产业协作的数字化升级。而数字孪生技术的实现有赖于诸多先进技术的发展和应用，依次分为数据采集层、网

---

① 耿建光、姚磊、闫红军：《数字孪生概念、模型及其应用浅析》，载《网信军民融合》2019 年第 2 期，第 60—63 页。

② 李海峰、王炜：《面向高阶思维能力培养的数字孪生智慧教学模式》，载《现代远距离教育》2022 年第 4 期，第 51—61 页。

络传输层、技术支撑层、功能支撑层、服务应用层。从数据采集层开始，每一层的实现和落地都建立在前面一层的基础之上，是对前面一层功能的进一步丰富和拓宽。

（一）数据采集层

数据采集层是数字孪生技术架构的基础。数据采集层主要通过物联感知技术、传感器、智能识别技术、图像采集技术、平台采集技术来对具体的物理对象各方面的性质、特征、属性等进行全方面感知，为下一步的网络传输层奠定了基础。换言之，数据采集层的主要任务是进行采集、传递、处理、管理以及储存数据等工作。可以通过以下途径实现数据的高效采集，确保数据的真实性、适量性、保真性。

首先，借助红外线、射频识别（RFID）、监控设备、传感器、WiFi/ZigBee 节点、终端设备等识别物理空间内的目标事物，如对物理空间用户、对象实体的感知，数字孪生管理系统采用人脸识别、红外线等途径识别用户或对象的身份，进而采集用户或对象的个人信息等，从而实现为其提供智能化、个性化的服务。

其次，借助上述技术对物理世界的智能空间的温度、湿度、光线等进行感知和数据采集，进而能够对物理空间进行智能化调控。

最后，采用上述技术还可以实现对物理空间的设备和资源等信息进行有效采集，为后续的海量数据传输、云储存、智能管理和智能服务提供支持。

我们不妨从日常的学习场景的例子入手，深入了解数字孪生集采层究竟是如何实现的。

第一，在数字孪生智能教学课堂中，教师可以在教室里安装高清视频监控系统，通过该设备采集所得的学生面部或肢体图像来分析学生在课堂全过程的学习状态数据、学习情绪数据和学习行为数据等，这有助于教师获得更加直观的数据反馈，进而达到走近学生、研究学生的目的。

第二，在数字孪生赋能的智慧校园中，学校给每一位学生颁发"校园一卡通"作为学生在校园范围内消费的媒介，数字孪生系统通过学生对"校园一卡通"的使用和消费的信息读取来采集学生在校园内的生活数据、行动轨迹历史数据以及图书馆借阅书籍的数据等，从而使学校管理者能够随时随地关注学生的生活状态，必要时给学生提供适当的帮助。

第三，在数字孪生加持的学校信息管理系统中，能够实时采集到学生个人的基本信息、学业成绩、参赛记录和获奖情况等，从而使学校管理者能够更加客观公正地对学生进行综合素质评价，促进学生全面发展，使"立德树人"的根本任务真正落到实处。

此外，通过数字孪生采集层还可以通过互联网教学平台、学生的手机或智能手表等，实现对学生的学习过程数据、生理健康数据等进行实时采集和反馈。

可见，数字孪生采集层是数字孪生系统有效运行的基石。因此，认识其数据采集层的内涵是至关重要的。

（二）网络传输层

网络传输层主要是利用物联网与互联网将所获得的物理空间大数据储存在云端的实时数据库、历史数据库以及关系数据库中，根据数据隐私程度与泄露风险等要素对数据加密，并分别使用公用网络与专用网络进行传输，发挥数据的驱动功能，并且能够降低数据泄露的风险，防止发生侵犯用户或消费者合法权益的现象。

数字孪生体与物理实体之间的数据传输与数据交互是通过物联网实现的，即物联网通过安装在物理实体上的传感器采集到相关信息后，通过各类技术［如NFC（近场通信技术）、RFID、Bluetooth（蓝牙）等短距无线通信技术或互联网、移动通信网、卫星通信网等远程通信技术］传输到数字孪生体上，实现整个孪生系统数据的互联互通。

我们需要悉知物联网对于数字孪生的重要性——物联网是装载数字孪

生体数据流的重要媒介。它主要采用各种信息感知技术和先进设备来对物理实体的位置以及声、光、电、热等物理属性的数据进行实时采集和监控，从而实现"物—物""人—物"之间的实时数据传输和连接，完成对物理对象的智慧化识别、采集与管控。因此，物联网技术是整个网络传输层的核心技术之一，更是数字孪生技术的关键技术之一。

下面我们以大中型城市的公路网为例，探析数字孪生实现网络传输的互联互通和推动公共服务发展的路径。当前，由城市公交车的信息传输时间滞后、信息不对称、数据不互通等问题导致其运行模式存在多车同时发车、线路分配不合理等问题亟待解决。这时，我们可以试想，将数字孪生技术应用到此领域会带来怎样的效果？通过逐一构建城市中公交车的数字孪生模型并将各模型集成融合，通过物联网技术感知、收集、传递、转化各方数据，使得公交车自身路线固定、运行时间间隔稳定和线路分布稠密明确。同时，公交车孪生体之间能够相互告知行车路线、载客实况、发车时间等信息，从而大大提升了公交车的利用率和资源的合理分配率。因此，基于物联网的数字孪生网络传输层能够克服现行网络传输技术出现的传输数据延迟、传输数据成功率不高、传输性能差等问题。

数字孪生的网络传输层是数字孪生系统中不可或缺的技术架构之一。因此，我们必须不断致力于优化和升级网络技术、网络资源分配，从而实现数字孪生低成本、低能耗的安全数据网络传输。

（三）技术支撑层

技术支撑层是构建数字孪生体的重要支撑，它借助各类先进关键技术实现对下层数据的利用以及对上层功能的支撑。该层集成了人工智能技术、大数据技术、云计算技术、物联网技术、5G 技术等。

第一，人工智能技术。人工智能技术借助数据分析功能以分析处理物理空间的海量数据，为构建物理世界的数字孪生体提供了先进算法与智能分析模型，进而使数字孪生体能够将物理对象的状态、行为、能力等予以智能化呈现。

第二，大数据技术。大数据技术基于其规模性、多样性、高速性的特征，从异构数据中抽取和采集物理实体的原始数据，继而根据不同的应用需求从这些数据中选择全部或部分进行分析、去噪、归纳等，从而驱动数字孪生体不断完善和发展。

第三，云计算技术。云计算技术凭借其良好的可伸缩性、数据的并行化处理能力、对服务使用模式的支持、容错性等特征，可作为数据管理与处理的基础，同时，它可以帮助设计人员对物理空间的特定对象大数据进行安全、快速、自动化的配置与管理，在一定程度上维护了数字孪生系统的数据安全。

第四，物联网技术。物联网技术主要通过各种传感器、监控设备、可穿戴设备等途径实现对物理实体的无感与实时的数据采集。

第五，5G 技术。5G 技术具备高速率、低延迟、移动性、低功耗和广覆盖等特征，能够帮助数字孪生实现增强移动宽带、高可靠低时延连接以及海量物联的功能，即 5G 技术能够满足数字孪生体在实时数据传输中对网络高宽带、大容量、低延迟的需求，并且随着新基建的快速发展，5G 技术将成为数字孪生体不可或缺的重要技术支撑之一。

以 5G 技术的应用促进数字孪生教育的深度融合为例，让我们一起探索基于"数字孪生+5G"的智慧教育到底是如何落地和成为现实的。5G 时代支持智慧教育的智能技术主要有基础支撑技术（如物联网、大数据、区块链等）、计算分析技术（如云计算、人工智能、机器学习等）、教学呈现技术（如扩展现实、全息投影等）。① 首先，基础支撑技术是数字孪生智慧教育的重要基石，通过结合信息传感器、射频识别等物联网技术实现实时万物接入的功能，有效解决数据的全方位获取和教学信息的安全性和可靠性问题。其次，计算分析技术是数字孪生智慧教育的关键引擎，它能够根

---

① 杨俊锋、施高俊、庄榕霞等：《5G+智慧教育：基于智能技术的教育变革》，载《中国电化教育》2021 年第 4 期，第 1-7 页。

据教育的主要特征和规律与云计算结合，使得教学资源合理分配，为教学活动参与者提供多层次、全方位、个性化的教学供给与服务。最后，教学呈现技术能够促使教育内容和教学目标更加灵活、准确、生动，增加和提高师生获得知识与技能的体验感受及效率。

由此可见，通过与各类技术深度融合的数字孪生能够促进虚实空间的深度融合，丰富物理空间内容的呈现方式，提升系统服务的质量，为管理者或用户提供灵活有效的个性化方案，促进系统运行机制的优化。

（四）功能支撑层

功能层是数字孪生体的直接价值体现，具有系统认知、系统诊断、状态预测、辅助决策功能。[①]

系统认知具有两方面内涵：一方面指数字孪生体能够实时映射物理实体的全生命周期的状态，另一方面指数字孪生体除了能够对物理实体进行感知和运算，还具备自主分析决策能力，这是数字孪生更高层级和更先进的功能之一，是智能化系统发展的目标与趋势。

系统诊断是指数字孪生体实时监测系统，能够判断即将发生的不稳定状态和异常状态，从而为下一步操作提供依据和奠定基础，即"先觉"。

状态预测是指数字孪生体能够根据各项系统运行数据和历史数据，对物理实体未来可能呈现的状态进行预测的功能，即"先知"。

辅助决策是指能够以数字孪生体所呈现、诊断及预测的结果为依据，为系统运行过程提供各种最优的决策方案。

我们不妨通过一个实际案例来更好地体会和领略数字孪生功能支撑层的作用和应用。目前，医疗领域在一定程度上仍然存在市民"看病难"、医护"资源紧缺"、手术"风险大"等问题。而数字孪生技术的发展则有助于解决这些问题。如图 1-3 所示，通过数字孪生的系统认知功能，能够

[①]　王巍、刘永生、廖军等：《数字孪生关键技术及体系架构》，载《邮电设计技术》2021 年第 8 期，第 10-14 页。

逼真和全面地将生物人体的各项物理特征（如神经、血管、肌肉、骨骼等）和各项生理数据与特征（如脉搏、心率等）实时映射到 1∶1 还原的虚拟人体上。数字孪生系统能够根据这些数据对患者进行系统诊断，对患者的健康状态进行实时监控，进而判断该如何对患者进行诊治。同时，通过贯穿全生命周期的实时数据连接，能够确保生物人体与虚拟人体的高度一致性，为诊断和治疗提供可靠和客观的综合数据基础，进而为医生做出诊断决策提供依据和参考，从而有效提高诊断的精准性手术的成功率。

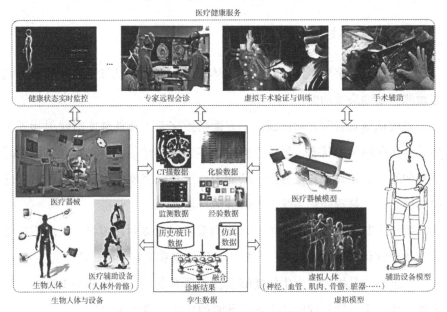

图 1-3　数字孪生医疗健康服务体系

（资料来源，陶飞、刘蔚然、张萌等：《数字孪生五维模型及十大领域应用》，载《计算机集成制造系统》2019 年第 1 期，第 1-18 页。）

数字孪生的功能支撑层是整个系统顺利运行的关键所在。各个功能层之间是相辅相成、逐级递进、缺一不可的。因此，必须正确认识和理解各个功能层的内涵和作用。

（五）服务应用层

随着数字孪生技术的逐步成熟，越来越多的企业致力于发掘各类数据的潜藏价值，并据此构建更精细、更动态的数化模型。从长远来看，数字孪生的应用一方面将向横向发展，即数字孪生将被应用到更多领域和为更多场景提供服务；另一方面将向纵深发展，即贯穿到某行业的整条产业链、全面覆盖上下游各类主体以追求产业的数字化转型。早在2020年，国家发展改革委、中央网信办印发的《关于推进"上云用数赋智"行动 培育新经济发展实施方案》就明确通过数字化转型的关键核心技术以倡导技术创新，其中重要的一项就是要开展数字孪生创新计划。由此观之，数字孪生无疑是热度最高和潜力最大的数字化信息技术之一，存在巨大的发展空间。

服务应用层是面向各类场景的数字孪生体的最终价值体现，从而使不同行业的各种产品能够极力地推动各行业的数字化转型和技术创新。目前，数字孪生已经应用到智慧城市、智能制造、智慧医疗、卫星/空间通信网络、船舶、车辆、航天航空甚至是智慧教育等多个领域。

此外，服务应用层是数字孪生的前端及最上层。该层为用户提供良好的交互手段，以实现全面监测、智能分析、科学干预用户活动等功能。通过使用报告、图表、动画等可视化手段，向用户直观地和沉浸式地展示物理对象的状态及行为等实时数据和历史数据，向用户提供优化行为、精准评价、辅助管理等高质量服务。

下面我们将通过一些具有代表性的具体实例，带读者走入数字孪生为各领域提供的应用服务中。

第一，数字孪生卫星/空间通信网络领域。将数字孪生技术引入其中，以构建数字孪生空间信息网络管理平台，包含数字孪生卫星（单元级）、数字孪生卫星网络（系统级）以及数字孪生空间信息网络（复杂系统级），从而能够满足对卫星进行全生命周期管理、优化组合网络等需求。

第二，船舶全生命周期管控领域。基于数字孪生的船舶设计、制造、运维、使用等全过程一体化管理，能够实现船舶的精细化设计、智能建造、辅助航行以及故障预测与健康管控。可见，基于数字孪生的船舶行业能够有效解决设计能力落后、运维管控数字化水平低、配套产业发展滞后等问题，从而帮助船舶行业成功转型升级。

第三，车辆抗毁伤评估领域。基于数字孪生的车辆抗毁伤性能评估，通过对实体车辆与虚拟车辆间的实时映射与友好交互，实现对虚实车辆的全要素、全过程、全业务的融合，进而提供可靠的抗毁伤评估服务，从而有效克服了车辆物理模拟毁伤的方式带来的费用高、精度低、置信度差等弊端。

第四，智慧城市领域。基于数字孪生的虚实交互、数据驱动和智能服务等功能建造的数字孪生城市，能够实现智能化的生命体征感知、公共资源配置、宏观决策管理、各方事件预测预警等服务，从而提升城市规划的质量和成效，推动城市建设不断完善，提升城市管理的效率，让城市生活与环境不断朝着人们向往的方向发展。

综上所述，国家对数字孪生相关技术的重视程度不断提高，未来将有更多鼓励数字孪生、人工智能、云计算、大数据等技术深度发展的政策支持，这将进一步推动数字孪生不断走向成熟。同时，国家仍将继续推进企业数字化转型的进程，并促进数字经济与实体经济的深度融合。在经济支持政策和技术支持政策的双重作用下，数字孪生也将不断创新，在更大程度和更大范围上造福国家和人民。

四、数字孪生的核心技术

随着科技的发展，新一轮科技革命和产业变革正孕育兴起，以"智能制造"为主导的"工业4.0""工业互联网"带来的第四次工业革命已经来临。然而，在智能制造的实践过程中，始终面临着信息空间与物理空间的交互与融合受到阻碍的问题，为此人们提出了数字孪生的解决方法。以数字孪生体系架构为导向，人们提出了数字孪生的建模、仿真、云计算、大数据与人工智能、物联网及 VR（virtual reality，虚拟现实）、AR （augmented reality，增强现实）、MR（mixed reality，混合现实）等各项关键技术。

（一）建模

建模是构建数字孪生体的核心技术，也是基于数字孪生技术体系的解决方案向上层提供功能与应用的基础，它通过各类建模技术的不断创新，加快提升对物理对象状态、形状、行为、机理等的映射效率、还原程度以及真实性等。目前，不同领域的数字孪生建模主要借助 CAD、Matlab、Revit、CATIA 等软件实现，前两者主要面向基础建模，Revit 主要面向建筑信息模型（building information modeling，BIM）建模，CATIA 则是面向更高层次的产品生命周期管理建模。[①]

数字孪生的虚拟模型主要是对物理实体进行多维度、多时空、多领域的描述与刻画。因此，构建数字孪生模型时必须遵循以下准则。

第一，精准化。模型既能对物理实体进行静态描述又能随之进行动态更新，提高模型的精准性、可信性、可用性，从而满足数字孪生模型的有效性需求。

第二，标准化。模型的开发、定义、编码、数据接口等方面的运行都必须统一和规范，如此不仅确保了模型的有效性，更能满足自身的通用性需求。

第三，轻量化。模型在达到了信息完整、模型精度、功能齐全的要求后，在几何映射、传输信息、构建规则等方面实现精简的效果，进一步满足复杂环境的数字孪生建模的高效性需求。

第四，可视化。模型通过虚拟现实、现实增强等技术打造出 3D 的立体化呈现，能够使得模型在构建、使用、管理等操作中给用户带来直观、可见的形式，以满足数字孪生模型的直观性需求。

---

① 王巍、刘永生、廖军等：《数字孪生关键技术及体系架构》，载《邮电设计技术》2021 年第 8 期，第 10-14 页。

第五，可交互。通过数据的实时驱动以实现多要素、多领域、多尺度的各模型之间的数据交换和信息交换，以满足数字孪生模型的贯通性需求。

第六，可融合。通过神经网络、遗传算法、强化学习等数据分析技术实现多要素、多领域、多尺度的各模型之间的实时融合和互动联通，以满足数字孪生模型的系统性需求。

第七，可重构。模型在多种先进技术的支持下，能够灵活应对系统可能出现的各种问题和环境，以满足数字孪生模型的灵活性需求。

第八，可进化。模型能够根据物理实体或系统发出的变化指令来不断更新、优化自身的功能，以满足数字孪生模型的智能性需求。

此外，根据不同的标准与维度，数字孪生模型可以分为以下几类：首先，从建模性质的角度来看，模型构建分为三维模型技术和全数字化模型技术；其次，从建模方式的角度来看，模型构建分为正向模型技术和逆向模型技术；最后，从建模成果的角度来看，模型构建分为结构性建模技术和非结构性建模技术。

（二）仿真

仿真技术作为数字孪生模型检验与证实的关键方法之一，其重要性不言而喻。仿真和建模是一对相辅相成、缺一不可的伴生体，我们可以将建模理解为是对物理实体感知与理解的模型化，而仿真就是验证和确认这种对物理实体理解的正确性和有效性的工具。由此可见，在建模具有客观性和准确性且感知数据全面和完整的前提下，仿真能够准确地映射和刻画物理实体过去、现在以及将来的状态。

我们可以将仿真技术理解为通过模型来模拟实际的物理空间的系统运行，仿真分析现有实体对象的性质、状态、行为、活动等。根据仿真结果的各项性能指标找出潜在问题，通过调整和优化各项参数、重新规划系统布局、优化资源配置等方法以达到优化虚实两系统的目的。同时，仿真技术大致上包括四类：面向对象的仿真、虚拟现实仿真、分布式交互仿真和智能仿真等技术。

仿真模拟技术起源于 20 世纪 40 年代的工业领域。近年来，随着新一轮工业革命（如工业 4.0、智能制造等）的兴起，仿真软件逐渐与传统制造技术及各类新兴技术的结合和贯通，现已发展成为一项融合计算机、模型理论、科学计算等多学科的综合性技术，在研发设计、生产制造、试验运维等各环节发挥了重要的作用。

运用仿真技术在虚拟空间中进行仿真能够有效减少实际操作所导致的失误或危险的概率，以驱动数字孪生系统更好地指导物理实体系统的智能化、高效化运行。例如，对各种物理实体、事件、活动等进行高度仿真进而改变物理对象的材质、颜色、状态、密度等，推动物理实体的仿真化发展；对人类的具体活动进行仿真，能够为活动的布置和策划提供有力的参考，进而为其指明方向；对极端事件或紧急突发事件进行仿真，能够帮助管理者进行应急的模拟演练，提出科学的决策，合理地调配资源，从而减少事故发生率。

（三）云计算与边缘计算

云计算是数字孪生的重要计算基础设施和工具之一。云计算是一种通过网络将弹性的可伸缩共享物理和虚拟资源池，以按需自服务方式，进行管理和供应的模式，这些资源包括服务器、操作系统、网络、软件、应用和存储设备等。根据不同标准与层级进行划分，云计算有着不同的称谓。如根据网络结构，可分为私有云、公有云、混合云和专有云等；根据服务层次，可分为基础设施即服务（IaaS）、平台即服务（PaaS）和软件即服务（SaaS）。云计算通过分布式计算等技术和融合先进的硬件、软件、网络等资源，为用户提供快速便捷的网络访问。与此同时，通过按需计费的、可配置的计算资源共享池，功能完善的数据中心与各式各样的云计算资源中心，能够更好地满足数字孪生动态储存、计算、转化以及运作等方面的需求。

边缘计算是指在网络边缘进行计算的技术，边缘定义为数据源和云数据中心之间的任一计算和网络资源节点。理论上，边缘计算的计算分析和处理是在数据源附近进行的。我们可以将边缘计算理解为将各项资源的云计算面向用户，即可以在智能手机等移动设备和边缘服务器等靠近数据源的终端上完成各项计算工作，从而提升与云端之间的数据传输效率，克服服务时延的弊端，节省网络带宽，减少安全、隐私及伦理问题。

基于数字孪生技术的万物互联、全域感知的特征会使数字孪生自身产生海量数据，将数据全部输送到云计算中心及数据分析导致响应与处理的速度可能无法满足现实需求。此时，采用云计算与边缘计算两端协同进行的模式，能够有效为数字孪生提供分布式计算基础。这种协同云计算与边缘计算的方式具有较强的应用潜能，能够做到对数据的快速处理和对用户需求的准确执行，能够进行数字孪生环境监测、实时监控预警、精准识别潜在风险等，真正实现"零延时、高精度"响应。

（四）大数据与人工智能

在大数据时代，数据已然成为网络的核心要素之一，数据范围也正不断地向横向聚合、向纵向深化。大数据是指数据量巨大（数据量在 10 TB ～ 1 PB）和数量级高（太字节 2×40）的高速、实时数据流，具有"4V+1C"特征，即数据量大（volume）、多样（variety）、快速（velocity）、价值密度低（value），以及复杂度（complexity），同时具有三种不同层级，分别为资源、技术、应用。而大数据视域下的企业生产模式和人类日常生活模式都发生了翻天覆地的变革，大数据借助互联网平台的火速发展实现了自由切换的信息化，通过大数据的分析与整合技术实现了产品信息化、科技工业化等"设想"。

作为当前被誉为世界三大尖端技术之一的人工智能是计算机学科的重要分支之一。人工智能是研究、开发用于模拟、延伸和扩展人类智能的理论、方法、技术以及应用系统的一门新技术科学，涵盖计算机视觉、自然语言处理、机器人、机器学习、语音识别等多个学科和技术领域。人工智能可分为三个进化阶段，分别是弱人工智能（artificial narrow intelligence）、强人工智能（artificial general intelligence）及超级人工智能（artificial super intelligence），其在人类生产和生活领域不断扩展，推动了人类的生产和生活不断趋于智能化。

大数据与人工智能的关系是密不可分的，甚至可以将二者比喻为一对"伴生体"。显然，它们是数字孪生体实现认知、诊断、预测、决策各项功能的主要技术支撑。在数字孪生系统的运作中，人工智能需要以海量的数据作为情况预知与决策应对的基础，与此同时，大数据需要通过人工智能技术进行数据的价值化、系统化操作。随着人工智能技术的不断发展，目前已经产生更高层级的强化学习、深度学习等技术，足以应对复杂的大数据及其相关的训练、预测及推理的工作需求。在数字孪生系统中，数字孪生会通过大量数据和人工智能技术建造出面向不同需求场景的模型，进而完成诊断、预测及决策任务和活动，使得数字孪生体具备强大的"先知先觉"能力。由此观之，大数据与人工智能技术已然成为构建数字孪生信息中枢的智能化引擎，同时在多领域多场景的应用中"大放异彩"，为用户带来更便捷、更优质的服务。

（五）物联网

物联网是承载与传达数字孪生数据流的重要工具之一。围绕数据的传输过程，我们总结出物联网的信息功能模型，如图1-4所示。通过前面的内容描述，我们可以清楚地了解物联网技术主要是借助各种传感器、监控设备、可穿戴设备等各类信息感知技术及设备来实现对物理实体的无感与实时的数据采集（包括物理对象的位置、声、光、电、热等数据）的，并且通过互联网进行传输和反馈，实现"物—物""人—物"的无间断连接，从而完成对监控对象的智能化识别、感知与管控。

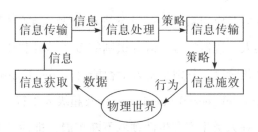

图1-4　物联网的信息功能模型

(资料来源，孙其博、刘杰、黎羴等：《物联网：概念、架构与关键技术研究综述》，载《北京邮电大学学报》2010年第3期，第1-9页。)

值得注意的是，感知信息接入物联网平台的方式有两种，分别是5G网关代理模式和直连模式。前者指物联网平台间连接的构建、维护和运行都是由5G网关设备负责执行的，同时数据采集器与其进行实时交互，从而实现信息与数据的发送和接收。后者指在传感器中生成的软件开发工具——Agent SDK（software development kit）借助5G技术衔接物联网平台，负责与物联网平台的连接、构建、维护等工作，实现信息的发送和接收。

物联网在物理实体的关键点中安装传感器感知必要信息和数据，并通过NFC、RFID、Bluetooth等各类短距无线通信技术或互联网、移动通信网、卫星通信网等各类远程通信技术将其传输到数字孪生体，从而为数字孪生体和物理实体之间提供链接，使两者能够有机连接和互动。

（六）扩展现实技术（"AR、VR、MR"3R技术）

VR、AR、MR技术是使数字空间的交互更加真实地还原和刻画物理实体的实现途径之一。它们三者之间是层层递进、相辅相成的关系。前者是后面的坚实基础，后者是前者的深化和扩展。

第一，虚拟现实借助围绕计算机为核心的高新科学技术，构建一个多感官（包括听觉、视觉、味觉、触觉和嗅觉等）的无边界、高保真甚至能够使用户体验脱离现实世界并可以与之进行无障碍交互的数字化人工环境，用户通过特定的先进设备与虚拟世界中的孪生体进行交流和互动，进而产生身临其境的体验感。

第二，增强现实是虚拟现实的进化结果，它同样是采用以计算机为核心的创新科学技术，帮助用户提升和增强对物理世界的感知，产生的附加信息和数据以听觉、视觉、味觉、触觉和嗅觉等生理感觉相融合的方式叠加至真实场景中，即 AR 将虚拟世界内容与现实世界进行叠加和交融，使用户感知和体验到的不仅仅是以虚拟视角感知虚拟空间，更是超越现实的感官体验。

第三，混合现实在增强现实的基础上搭建了用户、虚拟世界及现实世界三者之间的交互途径和媒介，将物理世界与虚拟场景混合匹配，虚实世界能够同时并存和实时联通，从而构建出虚实世界实时交互的全新场景，进一步增强了用户的沉浸式、无障碍、无边界的体验。

VR、AR 以及 MR 技术在数字孪生中的应用，是采用计算机技术生成视觉、听觉等信号，将现实信息与虚拟信息有机融合，进而构建出可视化和沉浸式的数字孪生智能模型和系统，能够有效增强用户的体验感和参与感，使得数字化的世界在感官和操作体验上更接近现实世界。

由此可见，在数字孪生的不断向前发展过程中，各项配套的硬件、软件等关键技术逐渐走向成熟和不断趋于完善。硬件支持技术的进化能够为系统带来高效率、低延时、高精度、高性能的数据传输能力及计算能力；软件相关算法及模型的升级能够为系统带来科学的、可靠的数据管理能力及高保真的、深度的模型融合能力。这都在不同层面和不同维度推动了数字孪生在各个领域的应用。

五、数字孪生在教育中的应用

面向未来，随着数字孪生技术不断走向成熟，其在教育领域中的应用亦将愈来愈多元和成熟，数字孪生智慧学习空间、数字孪生讲台以及认知数字孪生体等将成为引领智能时代教育变革的新风向。此外，从微观、中观到宏观的角度看，数字孪生能够对学习评估、学习分析、学习分级、学习协作、学习迁移、学习外延等带来颠覆性的变革和深远影响。

"实施科教兴国战略，强化现代化建设人才支撑。"党的二十大报告强调将科教兴国战略、人才强国战略、创新驱动发展战略摆在一起，将教育、科技、人才"三位一体"统筹安排、一体部署，共同服务于创新型国家建设。然而，深入实施科教兴国战略，必须扎实下好优先发展教育事业这步"先手棋"，必须牢牢打好构建科技创新治理体系这个"组合拳"，必须紧紧牵住培育拔尖创新型人才这个"牛鼻子"。

数字孪生作为近年来备受关注的新兴概念，被广泛应用于智能工业生产制造、智慧城市、智慧医疗、航天航空等领域。随着数字孪生技术的不断发展和完善，以及科教兴国战略的推行和教育信息化的迅速推进，其与教育的镶嵌式发展已是大势所趋。可以预见，数字孪生技术将逐渐渗透到教育的各个方面，给教育带来实质性和颠覆性的变革。

当前，国外已经在数字孪生教育应用的理论探索、技术研发和实践应用上有所突破。例如，美国加州大学打造"数字孪生实验室"（digital twin in laboratory，DTL）来支持学习者的真实体验学习、具身参与实验以及沉浸式学习；芬兰坦佩雷大学构建了"弹性制造系统培训中心"（flexible manufacturing system，FMS）进行生产制造的教学应用研究，推动教育策略真正为社会生产力服务。

在我国，2018年4月，教育部正式发布的《教育信息化2.0行动计划》（教技〔2018〕6号）中强调以教育信息化全面推动教育现代化，开启智能时代教育，其中提到加强职业院校和高等学校虚拟仿真实训教学环境建设。此外，上海市教育委员会在2021年颁布的《上海教育数字化改造实施方案（2021—2023年）》中明确提出了探索数字孪生学校建设，培养100所教育信息应用基准学校。数字孪生技术作为超前的创新型技术，在推动教育信息化和智能化建设方面无疑能发挥不可替代的作用。

数字孪生与教育的结合，既为教育教学方式变革指明了新的方向，也为教育信息化提供了新内涵和新空间。数字孪生将为学校教育、自主学习、合作学习和研究性学习提供全新的学习环境。当前，人们不仅借助数字孪生技术构建了数字孪生智慧学习空间、数字孪生讲台、沉浸性数字孪生教学环境等各类数字孪生学习环境，而且构建了认知数字孪生体、数字孪生智慧校园、数字孪生辅助教学系统等教学支持系统。下面我们分析几个典型的数字孪生教育应用实例。

第一，数字孪生智慧学习空间。数字孪生智慧学习空间是利用数字孪生技术、人工智能技术以及其他信息技术所构建的具有高保真性、实时交互性、虚实共生性以及可扩展性的智慧学习空间，能够为学习者具身探究自然与社会并促进自身高阶思维发展提供支持。[①] 这个数字孪生赋能的智慧学习空间能够为学生带来跨时空的高保真学习体验、分布式的跨区域协作学习以及虚实相通的学习环境，这对落实科教兴国战略、培养创新型人才都将起到重要的作用。

第二，数字孪生讲台。所谓数字孪生讲台，是指数字孪生赋能在线虚拟教学空间，通过与现实教学空间、虚拟教学空间的一一对应、相互映射、协同交互所构建并形成的虚实融合的复杂教学系统。[②] 基于数字孪生的讲台，首先要通过在线学习特征分析技术和虚实教学空间融合技术，进行总体教学流程设计与技术分析；然后要通过图像采集等技术对基于混合式教学平台的数据进行采集与管理，进而进行多维建模，根据各方实时数据展开教学效果分析，从而创新教学模式。

第三，认知数字孪生体。认知数字孪生体是指根据实时数据，驱动认知、理解、学习、推理和调整以及物理对象或系统在其整个生命周期的动态虚拟表示。它能够对认知物理实体进行全域感知、识别和刻画物理对象

[①] 李海峰、王炜：《数字孪生智慧学习空间：内涵、模型及策略》，载《现代远程教育研究》2021 年第 3 期，第 73–80、90 页。

[②] 黄音、毛莉莎、张小帆等：《基于数字孪生讲台的在线沉浸式教学体系分析与流程设计》，载《远程教育志》2021 年第 1 期，第 51–62 页。

的认知及行为、实时反馈和改善学习者的学习策略和学习态度，进而为教师提供改进教学方案的策略，推动教育智能化发展。认知数字孪生体能够使以人为本和以从海量数据信息中找寻最佳证据为导向的循证教育走向实践，将教师智慧与教学证据进行有机融合，以形成新的教学形态。

此外，从不同层面来看，数字孪生技术在教学上多种场景的应用，攻克了目前在线教育出现的问题并呈现了多场域的知识空间。

综合来讲，数字孪生技术给学习带来的改变及其在学习方面的应用可以从微观层面、中观层面以及宏观层面来分析。

第一，微观层面。数字孪生技术可使知识与经验通过转换、编码以及整合变成具有跨媒介、复杂结构等显著特征的具象化信息，这种信息能够有效地回应和满足学习者的具体化与个性化学习的需要和诉求，协助学生以所学知识为依据来解决实际的应用性问题，打破了传统教育无法逾越的"理论抽象化""理论与实践相结合"的鸿沟。从微观角度分析，数字孪生在教育领域的应用表现在可以帮助学生进行学习评估和学习分析两方面。

首先，学生的学习评估。在数字孪生智慧学习空间中，物理世界的学生真实本体与孪生世界中虚拟的孪生镜像对知识点的掌握程度和熟练程度、学习方法的运用情况、学习态度端正程度等内容，都能够被一一映射与还原。数字孪生系统将根据上述学习状态因素的信息汇聚成信息完整的学生学习数据库并生成独一无二的学生学习状态动态图谱，进而帮助教师对学生做出科学客观、辩证全面的学习评估，以更好、更多、更全面地了解学生并深入研究学生，有力地推动教育教学活动的顺利进行并提高教学质量。

以教育体系中必不可少的职业教育为例，职业教育是我国实现高质量发展和中高端供给体系建成的重要路径之一，主要通过向学习者传授具体行业的专业理论知识与培养专门的技能来协助学习者顺利进入相关的工作领域，并使得学习者缩短工作磨合期以更好地适应本职工作，进而培养高素质复合型专业技术人才和修复当前工作世界的人才"技能鸿沟"。目前，已有学者提出过人工智能技术融入职业教育中的案例。江苏经贸职业技术学院的黄利文等学者提出：职业教育依托人工智能学习终端并根据学生发展状态不断调整，促使职业教育与学生的自适应学习、移动学习深度融合，在打破标准化教育体系的基础上对职业教育教学流程进行重组和再造，着力打造个性化和时时可学、处处能学的泛在化职业学习体系。[1] 在此智慧学习空间和职业学习体系中无疑能够更全面、客观、辩证地评估学生的学习条件和状况，进而规避传统职业教育教学活动实施过程中有限的教学条件的局限，避免学生实际操作动作困难和克服教学成本投入过高等问题，拓宽了学生进行专业技能实验操作的渠道和机会。

其次，学生的学习分析。学习分析是围绕与学习者学习信息相关的数据，运用不同的分析方法和数据模型来解释这些数据，根据解释的结果来探究学习者的学习过程和情景，发现学习规律；或者根据数据阐释学习者的学习表现，为其提供相应的反馈，从而促使其更加有效地学习。[2] 与其他信息技术相比，数字孪生技术最大的优势在于其能够对虚实空间和虚实个人进行全生命周期执行、监控与管理，而基于全生命周期的技术保障为教育者、学习者、管理者以及评估者提供了丰富、可靠、保真、有效的教学资源和学习资源，可满足其对学习的形成性信息和学习分析的教学需求。

目前，数字人文研究与教育中通过先进的仿真设计和建模技术为学生提供了一个沉浸式的、身临其境般的学习空间，提高了学生随心所欲地畅游知识海洋和置身于大自然之中将事物本质"一探究竟"的代入感和体验感，进而大大提升了学生对学习的兴趣和注意力并使其乐在其中。当然，学生在数字孪生学习空间中的一举一动都会被实时记录、动态更新、完整

---

[1]　黄利文、王健：《论人工智能时代职业教育的转型与创新》，载《南京社会科学》2020 年第 10 期，第 142–148 页。

[2]　顾小清、张进良、蔡慧英：《学习分析：正在浮现中的数据技术》，载《远程教育杂志》2012 年第 1 期，第 18–25 页。

存档，为后续的学习分析提供了最有力的依据。以近年来在教育界"崭露头角"并引起学界广泛关注的自适应学习为例。目前，基于大数据的自适应学习系统涵盖了内容传递模块、学习者数据库、预测模块、显示模块、自适应模块、干预模块这六大必要模块，各模式在该学习系统中按照既定的运作流程各司其职——内容传递模块标记学生的学习行为信息和数据后被储存在庞大的信息数据库中，预测模块从学习者数据库和学生信息系统中采集数据，根据不同的分析目的，调用不同的分析工具和模型对数据进行分析①，进而预测模块根据分析结果给出相应的学习策略，并通过显示模块直观地输送给师生，同时加以必要的人工干预。值得注意的是，该系统能够通过仿真技术和建模技术为学习者建立起知识模型、行为模型、经历模型等，通过学习者在学习过程中的响应频率、回答问题的正确率、学习投入的有效时间等数据进行详细的学习情况分析。

第二，中观层面。数字孪生综合了拓展现实、大数据、5G、云计算和边缘计算及人工智能技术，共同创造出一个能够便捷获取学生实时方位和行动轨迹、生理状态、学习状态，并能够与不同场景和状况高度适配的动态学生数字孪生画像。该学生画像以一种新的在场方式存在于学习环境当中，即能够随心所欲、随时随地、无障碍地穿梭于过去、现在、未来的任一学习空间和知识领域，打破了教育历史长河中长期存在的理论与实践相脱节、书本与生活相远离、硬件软件相分离等壁垒，灵活调动各项学习资源，克服资源分配不均衡、某部门资源闲置和某部门资源缺失等问题，使得海量性资源都能够被充分利用和发挥自身价值，从而促进知识的传播和流动。

首先，学习分级。数字孪生学习系统具备极强的个性化、针对性、互通性和包容性等特征，该学习体系中的所有课程、实验、知识等教学内容都会根据不同的教学目标和学生具体的学习情况而进行不同的细化、分类

---

① 徐鹏、王以宁、刘艳华等：《大数据视角分析学习变革——美国〈通过教育数据挖掘和学习分析促进教与学〉报告解读及启示》，载《远程教育杂志》2013年第6期，第11–17页。

和分解，颠覆了传统教育"一刀切""一言堂"的做法，充分地体现了因材施教和个性化教与学的先进教育教学理念。

当前，教育领域中也相继出现了各式各样的、以先进的信息技术做支撑的新型学习方式。譬如，注重发扬学生兴趣爱好和个性需求、采用鼓励学生使用数字化工具以创造新事物进而培养学生的综合实践能力和团队协作能力的创客教育；注重培养学生科学精神、技术技能、工程能力、数学思维的 STEM（science，technology，engineering，mathematics）教育。

以互联网与教育相结合的新型学习方式为例，"互联网+教育"，强调教育教学要尊重学生的个性化需求、注重教育产品的实际应用质量，关注优质教育资源的开放共享，重视教育数据资产的保护与利用，推动大数据支持的教育管理与评价，鼓励探索信息技术与课程的融合创新[①]，尽可能地统筹和顾及每一个学生的学习背景、认知水平和学习习惯的差异，为学生提供一个跨越时空界限、学习资源用之不竭的智能学习空间，为学生提供个性化的学习帮助和学习策略，进而帮助学生养成思辨能力和为其创新学习提供更多的渠道和可能。

其次，学习协作。数字孪生学习体系注重个性化学习的开拓和养成，但并非一味强调学生"与世隔绝"地独自完成学习任务，而是在知识演化与革新的过程中伴随不同学习者之间，甚至是学习者与自我之间的联系、互动的方式。双方之间的学习关系和人际关系将变得更加密不可分，彼此形成一个有机的学习整体，进而提高学生的学习主动性和能动性，充分激发出学生的合作精神、团队协作能力以及人际交往能力和沟通能力。

譬如，大型开放式网络课程，即慕课，通过 5G 和互联网集中了免费的、海量的、高质量的国内外名校名师课程，通过课程安排、分配任务、学习评价和师生互动等在线学习的方式为学生提供新型的学习体验，降低了学生的学习准入门槛。一方面，慕课凭借网络在线平台授课且能够将课

---

① 赵天骄：《教育需要符合自身规律的互联网思维》，载《中国教育报》2015 年 12 月 7 日第 5 版。

堂过程以视频和音频的形式保存以供学生随时随地、循环往复地观看，学生可以根据自身的学习能力和学习需求自行调节课程进度，而教师不必重复授课，进而形成了聚合的多维学习空间以及有助于基础相对薄弱的学生对知识点进行查漏补缺。另一方面，慕课涵盖了众多高校的高质量学习资源且大多课程以知识点的形式呈现于课程当中，学生可以通过课后时间或其他空闲时间选择自己感兴趣的课程进行观看，提高自身碎片化时间的利用率，进而满足自律性较高的学生的自主学习能力和需求，并有效延伸了学生自由发展的时间。

第三，宏观层面。教育与社会有着相辅相成、密不可分的关系。数字孪生超前性、灵活性、便捷性、可视化、具体化、具身化等特征使得当代的教育体系顺应了社会迈向信息化的大步伐、大趋势的潮流，进而成为未来的数字孪生社会、数字孪生城市的重要网络和数据节点，更好地适应了未来社会发展的需要和未来创新型人才培养的需要。

首先，学习迁移。学生学习的目的不是在于单纯地将知识牢记于脑海中，而是在于让学生根据所学知识、技能进行运用、举一反三、融会贯通。而数字孪生学习系统能够贯穿学生学习的全生命周期，能够有效监督和预测学生的学习情况；通过实时数据和历史数据的传输和交换实现师生之间、生生之间的友好互动；借助 VR、AR 技术打造的虚拟教室和实验室能够为学生提供优质和逼真的操作条件和实践环境，通过数字孪生服务系统的云端技术为学生提供了便捷性极强、可靠性极高的学习体验，最终促进了学生对知识的迁移能力和学习交流的社会属性，并将所学知识真正转化为立足于社会并解决社会问题的强大力量。

以目前研究热度较高的移动学习为例，教育部于 2018 年颁发的《教育信息化 2.0 行动计划》中提到：网络时代，移动学习俨然作为一种新的学习模式，受到了更多教育工作者的关注，这是一种技术与学习相结合的学习形式，一种教师和学生可以使用上网设备实现交互式学习的方式。目前高校中应用较多的移动学习媒介是手机，如通过建立微信群和 QQ 群增加师生之间的互动和家校之间的联系，通过微博、微视频等平台进行线上课程。此外，基于手机终端的移动学习不同于传统课堂，其一大优势就是学生可以根据自身的兴趣选择学习内容，安装软件，在线收看教学内容、教学视频等，利用这些资源有效地弥补课堂上没有理解的学习内容。[①] 这无疑能够引导学生形成较为全面和正向的学习观念，拓宽了学生个体之间进行学习互动的渠道和接口，进而培养了学生的学习创新能力、同伴合作能力和人际交往能力。

其次，学习外延。数字孪生不仅能够为学校教育打造虚实共生的智慧课堂、数字孪生教师、数字孪生学生，它在学校教育以外的非正式学习领域的作用也不容小觑。数字孪生在非正式学习领域的表现更强调实用性、针对性和自适应性，更加注重和关注个体之间的多样性和差异性，从而有效打破正式教育所固有学习标准的严重束缚和提高非正式教育的地位，以及充分认识到其对学生发展的巨大作用。

以数字孪生在医疗领域的应用为例。无论是初入职场的实习医生还是经验丰富的医生，在开始为患者进行手术操作前都可以先在数字孪生手术台上对深度还原真实患者各项生理指标和生理状态的孪生患者进行手术预演，以预估手术中可能出现的安全隐患，降低手术风险，保障了患者的人身安全和健康，从而大大地助力了未来医疗水平的不断发展，健全了未来社会和城市的成熟医疗体系，确保了高质量、高素质的专业医疗团队和人才的培养和供给。

---

① 于岩、朱鹏威：《"互联网+"环境下基于手机终端的高校移动学习模式研究》，载《情报科学》2020 年第 2 期，第 125-128、155 页。

第二章

数字孪生推动教育变革

　　近年来，随着技术的日益成熟，数字孪生从理论走向实践，应用领域不断拓展，从智能制造、智慧城市、孪生车间、孪生医疗、航空航天到教育等。教育是技术变革极为敏感的领域，数字孪生在教育领域中的应用使未来教育呈现出与传统教育截然不同的新态势。数字孪生将对教育的组织方式、教学边界、教育管理、师生教与学等方面进行颠覆性变革，为未来教育提供一个虚实环境融合、具身实践操作、创新反思支持、线上线下衔接的教育条件和教育空间，实现未来教育教学组织方式虚实共生、教学范围无边界延伸、教育管理人性化、师生教与学精细化、教学评价动态化，推动着未来教育向纵深发展，促进国家实现教育现代化和培养高质量创新人才的目标。

一、数字孪生与教育教学的组织形式变革

　　教育教学的组织形式随着时代的变化和科技的发展而变迁。古代各国普遍采用个别教学的形式和初级的集体教学。我国宋代以前的各级官学和私学、欧洲古代和中世纪的教育均采用这种形式。17世纪，捷克教育家夸美纽斯在其《大教学论》中提出了班级授课制，即把一定数量的学生按年龄和知识程度编成固定的班级，根据周课表和作息时间表安排教师有计划地向全班学生集体进行教学的制度。19世纪中期，班级授课制成为西方学

校主要的教学组织形式。我国最早采用班级授课制是在 1862 年创办的京师同文馆，并在 1904 年的癸卯学制中以法令的形式确定，班级授课制逐渐演化成一个成熟的教学组织形式，在全国范围内得到推广。直至今天，班级授课制仍然是我国教育体系中的基本组织形式。

班级授课制是一种集体授课的形式，它综合考虑学生的实际年龄与掌握知识和能力发展两个方面的因素，把一定数量的学生编排在固定的班级，通过制定课程表和作息时间表，安排教师有计划地进行集体授课。它的主要特征为学生固定、内容固定、时间固定、教师固定以及场所固定。换言之，班级授课制依据教学目标和课程标准来制定一学年的课程内容，把编排好的学生安排在相对固定的教室里，计划好各学科的上课时间，任命既定的教师负责相应班级的教授工作。班级授课制在过去的教育实践中对推动教育发展起到至关重要的作用。第一，它促进了义务教育普及以提高国民的科学文化知识水平。第二，它促成了严格的制度来保证教学制度化和规范化。第三，它促使学生获得了系统性知识，让学生在学习过程中少走弯路，相对节约了学习的时间成本。第四，它充分发挥了教师的主导作用，有效提高了教学效率。

当然，凡事都具有两面性，班级授课制的作用也应从辩证的角度看待。实行班级授课制容易导致学生的主体地位或独立性难以体现，难以照顾学生的个别差异与个性发展，难以体现实践性，难以激发学生的探索性和创造性以及容易出现教育不公平等现象。因此，教育的发展需发掘更能适应时代需要和能够与未来科技发展相匹配的新力量。

在大数据、人工智能、云计算、5G 技术等新兴科技发展大趋势下和数智驱动下的新技术日益融入教育教学的今天，数字孪生教育时代已经悄然降临，传统的教育模式也会出现前所未有的新形态。通过数字孪生对现实课堂的虚实映射和实时交互，教育中各个部分都会有其对应的数字孪生模型，这对学生展开自主学习、合作学习以及研究性学习都有极大的益处。可以说，数字孪生能够在一定程度上有效地解决班级授课制无法克服的深层次问题，有望成为未来教育教学的重要形式。

（一）形式变迁：从班级授课制到个性化教学

随着数字孪生与教育领域的深度融合，未来的教学组织方式将从"标准化"转向"个性化"、从"大都授"转向"针对化"、从"教师单向主导"转向"师生双向参与"。到那时，数字孪生创设的个性化教学课堂将取代集体化的线下教室，实现高保真、沉浸式、可交融的教育环境。从课前的确立教学目标和教学方案设计，到课中的个性化教学与自主性活动，再到课后的分析检验与反思，都突出教育教学的个性化定制教学模式。

数字孪生的教育应用革新了个性化教学模式。传统教育以标准化、集体化"教师教，学生学"的形式来传授基本知识和技能，更加强调了学生是接受学习而非发现学习。这种模式确实有助于教学任务的完成以及教学效率的提高，但也存在缺乏因材施教和不利于高阶思维培养等弊端。数字孪生应用于教育领域，将打破以班级授课为主的学习模式，继而打造出一个能够实时追踪学生学习状态，得出对应的个性化教学方案的数字孪生智慧学习空间。表 2-1 列出了班级授课制与数字孪生应用下的个性化教学在教学理念、主要特点以及优势和不足等方面的对比。

表 2-1 班级授课制与数字孪生应用下的个性化教学的对比

项目	班级授课制	数字孪生应用下的个性化教学
教学理念	①大班形式集体授课；②促进教育普及；③提升教学效率	①尊重学生个体差异；②促进学生个性发展；③赋能高质量创新型人才培养
主要特点	①教师固定；②学生固定；③时间固定；④场地固定；⑤内容固定	①因材施教；②循序渐进；③动态分析；④实时跟进
优势	①促进教育普及；②提高教学效率；③发挥教师主导作用；④帮助学生获得系统性知识	①尊重学生主体性；②注重知识的实用性；③重视个性与创新性培养；④增强实践操作能力

续表2-1

项目	班级授课制	数字孪生应用下的个性化教学
不足	①限制学生个性发展；②容易脱离实际；③探索性、创造性难发挥；④易造成教育不公平	①数字化技术亟待优化；②教师的技术能力有待提高；③政策与财政支持急需加大

　　首先，数字孪生可以通过图像采集与识别技术对在线学习特征进行采集与管理，实时监测学生的原有知识、学习动机、情感态度，了解学生现有的学习水平与意向。下面我们以"腾讯课堂+慕课平台"混合式平台授课模式为例，分析图像采集与识别技术在实际当中的应用。一方面，"腾讯课堂"相当于虚拟教室，充当教室实体场地的角色。学生可以在"腾讯课堂"中清楚直观地看到教室展示的教学课件，慕课也能够使学生进行在线测验和考试，实时检验教学效果。另一方面，"腾讯课堂"在教学时安排学生打开摄像头，通过摄像头定时拍照的方式来对学生的上课状态进行数据采集，分别运用深度学习中的卷积神经网络和BP（back propagation）神经网络对学生进行面部表情及肢体行为的图像识别和分类，从而得到学生学习现状的相关数据，并为下一步教学奠定基础，即教师可以通过数据的采集与识别技术实时悉知学生当下的状态以调整教学计划和策略，如当学生产生困惑时，可以组织学生进行小组讨论，学生表现散漫时，严肃规划课堂纪律等。由此可见，通过图像采集与识别技术，实现了"身体离场，堪比现场"的教学效果。

　　其次，数字孪生可以对现有的多维数据进行分析与建模，把现实世界的教师和学生实体与虚拟模型一一对应起来，构建出无限接近物理实体的高保真教师画像模型和学生画像模型（见图2-2）。数字孪生各模型分别承担不同的建构"任务"。几何模型映射师生实体的形状、大小和样貌等。物理模型呈现实体的重量、质量和质感等。行为模型还原实体的行为举止、动作操作和语言表达等。规则模型重现根据运行规律所得评估、优化、预测和溯源等规则。我们不妨了解一下数字孪生对师生实体进行建模的实际应用。教师需要通过分析学生的课堂参与度和积极性对学生进行相应的奖惩来激发学生的课堂专注度和主动性,这时数字孪生将会通过 AI 技术的建模算法来实现师生实体数据的特征识别、提取和建模,并采用多物理、多尺度的方法对所得的多维度数据进行多层次的数据分析(如分析和计算学生课堂提问和学生回答问题的次数),以挖掘其中的主要逻辑和鲜明特征,从而实现对师生实体高保真、超现实状态的建模、表征和分析,继而给老师提供客观精准的教学行为依据,使教师更自如地应对课堂状态,提高课堂的效度和信度。因此,数字孪生的分析与建模是实现数字孪生教育至关重要的根基。

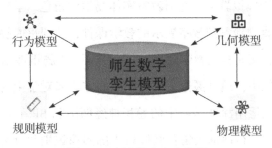

图 2-2　师生数字孪生模型

最后,数字孪生基于对数据的应用可以实现精准教学和动态的因材施教,即根据学生的成长过程和课堂表现等实时动态调整个性化教学策略,在教学过程中对于不同类型的学生采取不同的教学方式。以数智个性化教学模式为例。数字孪生通过建立物理世界和数字世界之间精准映射、实时反馈的机制,实现物理世界与数字世界的互联、互通、互操作。[①] 同时,数字孪生体借助物联感知类技术、图像识别与采集技术等实现对学习者的实时感知,并利用仿真建模与分析技术对学习者的实时数据进行精准分析,从而实现对学习者孪生体的动态监测并根据不同数据得出不同学生的具体课堂表现,进而对学生采取针对性和个性化教学。通过准确和实时数

---

① 兰国帅、郭倩、魏家财等:《5G+智能技术:构筑"智能+"时代的智能教育新生态系统》,载《远程教育杂志》2019 年第 3 期,第 3-16 页。

据分析，可以得出学生的表现大致分为三类：高度认真型学生、相对认真型学生和散漫型学生。教师分别可以采取鼓励其多思考、多提问，培养其创新精神为主；引导其以思考为主，培养解决问题的能力，提高思维能力；运用多种互动方式，调动其学习兴趣和培养专注度。最终，物理实体学习空间与数字孪生虚拟空间实现以虚映实、以实运虚、虚实交融，创造出一个数字孪生赋能的个性化教学空间，从而促进教学组织形式的颠覆性变革。

（二）空间升级：从线下实体课堂到线上虚拟学习空间

线下实体课堂以教室、学校和教育机构为代表，是最典型且历史悠久的物理学习空间。随着一系列新兴科技的迅猛发展，传统的教学模式也在不断地升级和优化——教学材料从单一的纸质教材到幻灯片、视频、音频，使得知识更加生动形象地呈现给学生，帮助学生更直观、更深入、更容易地去理解和掌握知识。虽然这种进步在一定程度上给学生带来视角上的冲击，但未能解决源头性难题——缺乏批判性反思的具身语境、可操控的真实物体以及身心交互的反思环境，从而导致学习者缺乏情境性的批判性反思、感知体验等，这将不可避免地使学习者出现问题抽象难懂、反思过程停滞或者深度反思不足等弊端。这也是传统教育难以攻破的难题，亟待创新型学习空间来扭转。

在智能新时代，新一代信息技术的应用无疑是解决传统教育难题的手段和路径之一。数字孪生利用多尺度、多领域和多物理量等功能实现了物理世界与数字孪生世界的虚实映射，创造出一个基于数字孪生的全景式新场域。而实现全景式新场域的效果则需要数字孪生技术与人工智能技术和全息技术的组合应用和交叉推进，从而形成一个系统性的、完整性的技术体系。人工智能技术通过模拟、扩大、延伸和增强人的功能，大大提高了人类改造自然和提升自我的能力，把人类社会推进到智能时代。人工智能赋能教育，导致教育正在发生一场翻天覆地的革命。通过数字孪生与人工智能技术构建的沉浸式学习空间能够带给学生从二维平面升级到三维全景的全新视觉体验。此外，全息技术也是当前世界非常前沿和极具影响力的新型技术。全息技术由丹尼斯·伽柏（Dennis Gabor）于 1948 年提出，旨在解决电子透镜球差对电子显微镜分辨率限制的新微观原理问题。[①] 而数字孪生与全息技术在特点、功能、应用三个方面，既是相互联系又相互区别。数字孪生与全息技术融合，将以高保真、可视化、精准映射的形式再现现实世界中的人、物、境。学生在实时观测事物内部实际运行状态的同时，还可与教师进行实时互动，提升学习兴趣和动机，使教学效果获得正反馈。

数字孪生虚拟世界与教育实体世界的融合并非只是关于未来的畅想，而是已经得到了实际应用。我们不妨一起看看几个有趣的数字孪生虚实融合的应用案例。第一，虚拟太空工作站。在课堂上，教师借助数字孪生技术与全息技术打造出一个虚拟太空工作站和宇航员数字孪生体，使学生能够"置身其中"获得具身体验，充分满足学生的好奇心、激发学生的创造性以达到教学效果。这不仅有利于对学生高阶思维的培养，而且对于培养学术的科研工作兴趣更具有关键性作用。第二，名著还原。在中小学课堂上，教师利用数字孪生技术和全息技术来还原《三国演义》的名场面，如重现诸葛亮"草船借箭""火烧赤壁""空城计"等著名典故，让学生切身体会诸葛亮的足智多谋和忠君敬主的优良品质，给学生正能量并为其树立榜样形象，帮助学生形成正确的价值观。可见，数字孪生能够打破传统教育的单一物理教学空间的局限，系统地将物理世界与数字孪生世界有机融合，为学习者提供具身体验和群体感知交互的虚实共生学习环境，让学习者能够置身于"触手可及"的实况课堂，获得沉浸式学习体验。

数字孪生不仅能够实现虚实融合，而且也能够创新远程虚拟教学模式。第一，运用数字孪生技术打造的远程教育模式为学生提供动态短视频

---

① 转引自张艳丽、袁磊、王以宁等《数字孪生与全息技术融合下的未来学习：新内涵、新图景与新场域》，载《远程教育杂志》2020 年第 5 期，第 35-43 页。

和直播教学，能够给学生带来视角冲击和近距离的师生互动，实现多人同时在线学习，促进教育的广泛传播，提高教学效率。第二，数字孪生技术加持的远程教育模式还能实现交互式练习并及时反馈，以便教育者实时掌握每个学生的学习现状，及时采取相应的教学策略来优化教学效果。第三，依托数字孪生赋能的远程虚拟教学模式，能够充分落实社交网络的互动交流，促进"师师"之间、"师生"之间以及"生生"之间异步讨论和在线即时讨论。

2020年2月，教育部发布了《关于在疫情防控期间做好普通高等学校在线教学组织与管理工作的指导意见》（教高厅〔2020〕2号）（以下简称《指导意见》）。《指导意见》中"停课不停学"的措施颠覆了沿用几百年的单一形式班级授课制的状况，从时间固定、教师固定、学生固定以及场所固定的教学形式转换为依托网络开展的灵活时间、地点和师生数字化的"教"与"学"。

远程教育为师生提供了新的体验。就教师而言，远程教育能够减轻教师的备课压力，营造良好的教研氛围；就学生而言，通过远程教育，其自主学习能力和创新能力都得到较好的培养；就师生关系而言，双方的联系和互动并没有因为缺乏面对面的交流而受到不良影响，恰恰相反，教师在教学过程中对学生的关注度提高了，教师也可以通过学生的实时数据映射实现对学生的均衡性与针对性的关爱，这有效拉近了师生之间的距离，促进了两者之间的良好关系。

此外，基于数字孪生数据赋能的远程教育，能够精准提升教学质量。教师和教学管理者可利用数字孪生的数据分析技术，针对性地对教学过程中的关键因素，如上线师生数、平台访问数、运行课程总数、学生学习详情、师生互动、院系资源建设等，进行动态分析和准确交互，及时向学院和教师反馈教学质量相关问题，以做出科学有效的教学调整和应对。

二、数字孪生与教育教学的边界拓展

传统的教育活动中都具有明确的边界，如受教者是适龄学习者、施教者是专业化教师、学习地点在固定的教室、学习时间是固定的上下课时间、学习内容是各学科知识、学习目标是达到教学大纲规定的教育目标。按照这些要素组合而进行的教育活动可以称之为"有边界教育"。未来教育的主要发展态势是无边界的，教育无处不在。"无边界教育"这一教育方式旨在进一步打破教育时空和年龄的界限，打破各科课程与课堂教学的壁垒，从而使不同时空和年龄阶段的学习者可以同时上课，打破虚拟和现实的边界，从而凸显学习者的主体地位。它在满足个性化教育需求的同时，强调教育的互动性和知识、经验的分享、交流、创新在教育教学中的价值。无边界学习的本质在于打破传统教育设定的各种边界，让学习者进行自主学习和探究式学习，对传统学习方式和观念产生了一定的冲击，对学习的边界进行了模糊化处理。[①]

在智能配套技术的支撑下，无边界教育的发展呈现出智能化、广覆盖、沉浸式三个重要特征。这里我们将从教学场景无边界和教学范围无边界两个维度来进行分析。无边界教育将教学场景从学校延伸到现实社会，能够冲破传统式的封闭环境，拓宽学生的眼界，让学生的知识体系不再是"空中阁楼"，能够利用所学知识去解决生活中的实际问题。同时，无边界教育将教学范围从单纯的物理空间扩展到虚实融合的孪生教学空间，能够克服抽象理论和思维局限带来的教学效果差的弊端，让学生置身于能够追踪学习全过程、提供可验证的反思支持和具身体验的数字孪生场馆中，让学生能够充分发挥其聪明才智，进行更加高效的学习。

---

① 刁生富、张艳：《论智能互联网时代的无边界学习与思想政治教育的拓展》，载《山东科技大学学报（社会科学版）》2021年第1期，第29-37页。

(一) 环境变化：从学校学习到社会体验

数字孪生使学生的学习不再局限于学校范围内，而是走出教室迈向"社会大学堂"，在各种不同的社会场景中学习。在讨论数字孪生帮助学习空间实现从学校到社会的变革之前，我们需要先弄清楚什么是学校，什么是社会。学校是指教育者有计划、有组织地对受教育者进行系统的教育活动的组织机构，其名称起源于民国。它是由专职人员和专门机构承担，有目的、有组织、有计划系统地开展教学活动，以影响受教育者的身心发展为直接目标，并最终使受教育者的身心发展达到预期目的的社会活动。社会是人的关系的总和。在社会学中，社会指的是由有一定联系、相互依存的人们组成的有机整体，它是人们的社会生活体系。马克思主义的观点认为，社会是人们通过交往形成的社会关系的总和，是人类生活的共同体。

数字孪生主要通过虚拟现实技术、现实增强技术和用户交互界面来打造互联互通的人机交互使用环境，让教学活动参与者都能够获得"身临其境"般的感官体验。数字孪生通过大数据可视化、AI、智慧云体系、仿真技术以及增强现实技术等呈现出一个全方面、3D、无边界的虚拟社会教学空间全貌。师生间可以通过远程协作实现互动。学生进行在线式操作与学习，教师根据学生具体表现提出教学建议和规范学生的学习行为。譬如，通过数字孪生搭建一个虚拟的企业、实验室和政府等社会场景，让学生可以随时随地"穿越"到某个具体场景，全方位、多角度感受各个部门和职位的运作原理和功能，更加深刻地理解其中的本质，从而将学校教育资源最大化利用，大大地拓宽了学生的学习空间，提升了学生社会实践的综合能力。这样，一方面实现了学生学习"去浅表化"和"做中学"的目标，另一方面实现了教育向无边界的延伸。

我国著名现代教育家陶行知在其"生活教育"理论体系中提及"社会即学校"的教育理念。这个观点涉及两层含义。第一，"社会含有学校的意味"，或者说"以社会为学校"。他认为生活无处不在，所以教育也无处不在，即"生活在，则教育在"，整个社会就像一个教育场所。第二，"学校含有社会的意味"。学校通过与社会生活结合，一方面，通过社会的力量促使学校进步；另一方面，发动学校的力量帮助社会进步，使学校真正成为社会生活必不可少的组成部分。总之，陶行知认为"社会即学校"就是拆除学校围墙，在社会中创建学校。前人的超前理念为我们的新型数字教育提供了新思路——将学校场所延伸到现实社会才能防止理论与实际脱离的倾向，使得学生学以致用，发展动手能力，领悟知识的价值，真正实现适应现代社会发展的人才培养计划。而通过数字孪生技术的加持可以实现高保真、全覆盖的虚拟社会场景的搭建，使学习者"足不出户"就能从虚拟社会场馆中有所收获。

（二）身体演变：从"身体离场"到"具身性在场"

近年来，数字化教学空间从稚嫩走向了成熟，从幻灯片教学时期到远程教育时期，再到数字孪生教学空间时期，这充分体现了技术的不断优化和进步。

起初，传统教育只是将教学内容简单地以幻灯片、音频和视频等形式呈现给学生。实际上，这种形式很大程度上还是通过老师的个人讲解来使学生获得间接经验的状况，没有真正意义地颠覆学生接受学习、机械学习的教学模式，也没有引起学生的学习兴趣和激发学生的创造思维。这势必会出现更具先进性的教学模式以克服上述教学困境。

之后，能够实现"感官延伸"效果的远程教育应运而生。而远程教育可以理解为一种相对于线下教育、师生分离的教学活动，它是一种跨学校、跨地域、跨时空的教育体制和教学模式。学生与教师分离、采用特定的传播媒体进行教学、信息的传输方式多种多样以及学习的场所和形式灵活多变，这些都是远程教育最典型和鲜明的特征。与面授教育相比，远程教育的优势在于它可以突破时空的限制，给学生提供更多的学习机会和途径，以及扩大教学规模，提高教学质量和降低教学的成本等。就目前各高校使用远程教育的数据统计，教师在线教学和答疑解惑、在线教师总人次、在线教师人次单日最大值、高校教师共计发布活动数量、发帖数量、发布作业数量及批阅作业数量等指标来看，远程教育无疑得到了广泛应用，对教育水平和效率的提高都有极大的推动作用。

然而，现代远程教育仍然存在着其自身无法克服的不足。在现代远程教育中，教育活动参与者的身体是缺席的。人体的功能不是连接到媒介（技术）中，而是被转移到媒介（技术）中。换言之，现代远程教育中参与者的身体与媒介是分离的，"表现的身体以血肉之躯出现在电脑屏幕的一侧，而再现的身体则通过语言和符号学的标记产生在电子环境中"，这个"再现的身体"是"以身体的尺度去想象、隐喻媒体"，多数以文字账号或图形化身的形态"遥现"（telepresence）于远处。[1] 因此，现代远程教育实施过程中也会不可避免地面临很多问题和挑战。如在线教学平台问题，因同时海量访问网络教育平台给服务器带来巨大压力，导致在线教学过程的流畅度和灵活度不高。再如教师设备操作技术、师生互动、教学设计的问题，教师因缺乏系统指导导致对在线教学技术不熟悉，其他在线因素干扰学生导致师生互动效果未达预期效果，以及现有教师的专业技术素养和水平的限制导致教师无法将线上教学与线下教学有机融合，只是形式上将两者结合，反而丢失了线下教学原有的优势，以至于教学效果"得不偿失"。要突破这些局限性，就需要更为先进的教育模式诞生。

人类进入数字孪生时代，意味着人类学习也进入无边界时代，无论是在学习资源、学习领域，还是在学习内容、学习方式等方面都变得无边界了。这就是未来的学习态势，构建无边界学习环境指日可待。[2] 如今，数字孪生无边界教学模式进入了初步探索阶段。数字孪生提供的超强虚实融

---

① 谭雪芳：《图形化身、数字孪生与具身性在场：身体-技术关系模式下的传播新视野》，载《现代传播（中国传媒大学学报）》2019年第8期，第64-70、79页。

② 刁生富、张艳、刁宏宇：《重塑：人工智能与学习的革命》，北京邮电大学出版社2022年版，第174-175页。

合功能将为"教"与"学"的环境融合提供新方式，解决远程教育中存在的虚拟环境失真、虚实同步失调、远程协作困难、空间社交抽象以及自创支持不足等问题，实现无边界的深度参与学习、无障碍远程协作学习模式、可验证的实验情景、自由创造的群体创客空间等。数字孪生无边界学习空间的本质特征是具身性在场。具体而言，其具有以下四个基本特征：主体的主动性、环境的无边性、方式的多样性、过程的社会性。

首先，主体的主动性。数字孪生无边界学习空间主体的主动性特征是指学生在学习活动中具有主体地位，学生可以根据自己的实际需求和兴趣爱好选择学习活动。这就意味着学生除了学习课程标准和教师所传授的必要科学文化知识，还可以根据自身的兴趣爱好、情感等因素去选择学习内容。这样既可以满足学生自身的个性发展需求，又可以充分尊重和理解学生的主体性与能动性，提升学生的自主选择和自我教育能力。譬如，学生想提升自身的音乐素养，即可以通过数字孪生无边界课堂选择相应的音乐内容和形式，甚至可以"自由穿梭"回到19世纪去听一场贝多芬的交响乐音乐会，"切身体会"这场视听盛宴。

其次，环境的无边性。数字孪生无边界学习空间环境的无边性特征是指在学习环境中，教学冲破了校园围墙以及固定空间和时间的限制。在历史教育领域，数字孪生能对真实历史事件及其过程进行情景化"孪生复现"，实现现实与虚拟场景自由切换，让学生进入虚拟历史场景，享受可视化沉浸式体验，这不仅可以弥补课堂教学短板，而且还可以通过以点带面的形式，获得关键事件、人物、制度等特征，还原整个历史文化过程，使学习者进一步深入了解，学习其历史文化意义。

再次，方式的多样性。数字孪生无边界学习空间方式的多样性特征是指在边界学习环境中，出现了"人机协作"式学习、慕课（MOOC）在线学习、智能手机移动学习等多种学习方式。其中，MOOC作为一种创新型学习方式，在我国教育中广泛传播，并取得了实质性的教学效果，大大降低了学习成本，提升了学习效率，增强了交互性。

最后，过程的社会性。数字孪生无边界学习空间过程的社会性特征是指学生在学习过程中逐渐适应社会并作用于社会。数字孪生能够使教师"教"与学生"学"的过程能够随时无障碍地进入虚拟的社会场景，"切身体会"各项社会中实际发生的事情，从中获得知识与经验。我国现行教育的目的是培养德智体美劳全面发展的社会主义建设者和接班人，即学校教育需要把学生培养成为一定社会所需要的人才。所以在教学内容和教学过程的设计和实施中，需不断加强理论与实际的联系、学校与社会的联系，才不会导致教学实施逐步偏离教学初衷。

综上所述，数字孪生通过人机交互界面和现实增强技术实现教学参与者的具身性在场，为师生提供了一个优质的学习条件，实现"人—机—物—环境"的无边界融合。

三、数字孪生与教育管理变革

过去，教育管理往往只重视教学和公共资源方面的管理，这种管理方式已经不能满足现代教育发展的需求。随着数字孪生在教育中的应用，传统的教学管理也从单纯的以"物"为主的具体管理发展到其与数字孪生教育的以"人"为本的抽象管理相结合，学生的身心发展也被视作管理对象之一。

（一）管理突破：科学的教学管理与绿色的资源管理

教学管理是指教育行政部门和学校共同通过计划、组织、协调、控制等管理职能，运用管理科学和教学的理论与方法对教学过程各要素加以统筹，使之有序运行，提高效能的过程。教学管理涉及教学计划管理、教学组织管理、教学质量管理等基本环节。其中，在教育组织管理中，建立有效的教学指挥系统，充分发挥各职能部门的作用，是教学组织管理的基本任务，也是实现教学目标的重要保证。教学质量管理的基本内容是制定科学的教学质量标准、对教学质量进行检查和分析以及对教学质量进行调控。

不难发现，我国现行的学校教学管理制度存在着以"分"为本的弊端，盛行"分数主义"，应试教育气息浓厚。有些学校甚至过分细化学校管理规章，把教师和学生当成管理的对象，把领导变成监工，这种管理严重扭曲了教学的本质。因此，构建科学的、人性化的学校教学管理制度势在必行。

公共资源管理是指学校运用一定的方式，遵循一定的原则，对公共资源进行合理配置与利用，使其发挥最大功能与效益的一个过程，包括对多媒体、教室，物理与化学实验仪器、水、电、灯光等的管理。目前的公共资源使用中也存在着铺张浪费、缺乏合理利用和系统性监管等问题亟待解决。例如，物力资源的浪费存在着盲目、重复购置设备使用率不高和资产闲置设备利用率不高的问题。

我国高校内部管理实行分级管理体制，即学校、学院、教研室等各级对人、财、物有相对独立的管理权，而这种制度会导致一些不充分、不均衡的问题，如部分仪器实验设备长期闲置，但其他教学科研项目需要使用时却用不上，所以不得不重复购置，这就造成教育资源的极大浪费。此外，出于个人观念、领导方式和管理体制等方面的原因，在高校内部存在着缺乏物力资源共享的局面，大量的物理设施、仪器设备、图书资料都处于闲置状态，高新设备与公共设备的利用率不高等问题。

可见，目前的教学管理和资源管理体制一方面缺乏完整、充分、有效的资源全过程、全方位、全层级的管理信息支持，导致无法做出有效的信息辅助设计决策。另一方面管理资源种类复杂，各大资源难以统一。此外，目前的教学管理还存在缺乏精确的调控，设计验证困难、不到位等不足。针对上述问题，将数字孪生技术引入教学管理和公共资源管理中，大量管理数据能够支持知识数据库的建立，并辅助相关的建模工作；采用数字孪生建模技术及模型融合理论，能够为各管理模型的构建与融合提供解决思路；同时，数字孪生高拟真的仿真环境，可以提高教师的设计验证能力，加快设计速度，提高设计精度，从而提高管理效率。

数字孪生技术运用传感器、数据采集设备和智能识别设备等收集和记录管理者、学习者、教学设备、实验仪器等物理实体的实时数据，而后对所得数据进行分析、处理、转化、整合和存储等，并一一建立物理对象的数字孪生体，即构建相对应的数字化镜像，其中包含了四种虚拟模型：几何模型、物理模型、行为模型及规则模型。几何模型描述各个物理对象的尺寸、形状、装配关系等几何参数；物理模型映射各个物理对象的应力、疲劳、变形等物理属性；行为模型追踪实体环境的外界驱动及扰动作用；规则模型对各个物理对象运行的规则建模，使模型具备评估、优化、预测、评测等功能。构建好各个虚拟模型之后，数字孪生服务系统集成了评估、控制、优化等各类信息系统，对所需进行管理的物理实体和虚拟模型提供智能运行、精准管控与可靠运维服务。① 同时，通过数字孪生数据的核心驱动，不断实时更新、连接与交互实现以虚控实和虚实融合，并且不断优化。各数字孪生体可依据自身所需向孪生公共教育资源发出请求，系统快速反馈至物理实体，以虚控实，要求物理实体提前做好调配准备，以实现学校内部公共教育资源高效动态分配，减少公共资源的长期闲置的问题。此外，数字孪生能对教学设施设备实行全生命周期管理，对学校内部教学设施设备如多媒体、教室、物理、化学实验仪器等，实现全面数字化建模，并根据历史数据反馈，监控其全生命周期，预测未来发生故障的可能性，保证教学设施设备的安全性与可用性。

数字孪生时代的管理中融入了大数据、物联网、互联网、人工智能、现实增强和虚拟现实等多种成熟的智能技术，出现了人机协作、人机融合的新形态，如逐渐为我们悉知的数字孪生管理者、数字孪生规则体系、数字孪生设备等虚拟主体在教学管理和公共资源管理活动中的运用。数字孪

---

① 陶飞、刘蔚然、刘检华等：《数字孪生及其应用探索》，载《计算机集成制造系统》2018年第 1 期，第 1-18 页。

生在管理领域的应用，不仅有助于促进真实管理情景和虚拟管理情景的结合，还有助于数字孪生技术模拟真实情景并还原真实情景，为管理者提供更多的实践场景。在管理活动中呈现出来的现场管理、管理者角色扮演、管理实操等都具有真实性和实践性，在数字孪生技术背景下的管理活动能够给予管理者一个真实的具身场景，能够大大提升管理的效率和质量。

在数字孪生时代，掌握数字化、科学化和绿色化的管理方式与技能能够使管理者在最短时间内达到较好的管理效果。因此，数字孪生时代下的管理者要根据自己的实际情况，掌握数字孪生的教育管理的知识体系，不断提升自身的数字化管理技术，实现全方位、全过程、全人员、全因素的现代化教育质量管理，真正推动教育工作不断完善和向前发展。

（二）以人文本：严谨与细致并存的学生身心管理

学习效率能够在很大程度上反映学习者学习的综合表现，高效率学习一直以来都是人们追求的理想状态，而学习效率与学生管理有着千丝万缕的关系。学校管理不仅要帮助学生制定学习目标和任务，确定学习内容，构建学习组织，进行学习协调，跟踪学习反馈，规范学生行为，这样才能使学生的学习达到事半功倍的效果。因此，学校在注重学习效率的同时，必须想方设法不断完善学生的管理制度和提升教师的管理技能。

随着科技的快速发展，全社会越来越重视教学和学习效率，学校对学生的管理工作就显得尤为重要。早在 2015 年，教育部办公厅发布了《教育部办公厅关于征求对〈普通高等学校学生管理规定〉修改意见的通知》（教政法厅函〔2015〕55 号）："将第三条修改为：'高等学校要坚持社会主义办学方向，以人才培养为中心，全面贯彻党和国家教育方针，坚持教育为社会主义现代化建设服务、为人民服务，遵循教育规律，不断提高教育质量；要坚持育人为本，立德树人，增强学生的社会责任感、创新精神、实践能力；要坚持依法治教、依法治校，科学管理，健全和完善管理制度，规范管理行为，将管理与育人相结合，不断提高管理水平，努力培养德智体美全面发展的社会主义建设者和接班人。'"由此可见，健全和完善管理制度、规范管理行为、提升管理技能、落实管理实效对于实现教育目的、促进学生身心发展和提升教学效率而言至关重要。

学生管理是一个细致、复杂而又多层面的工作，其内容主要包括学生的思想品德管理、学习管理、健康管理、学生组织管理、课外活动管理等方面。学生管理一般要求管理者做到三点：①遵照国家的法律法规要求，对学生依法进行管理；②依据学生的身心发展特点，对学生进行科学管理；③发挥学生的主动性，引导学生进行自我管理。

目前，我国大多数教育管理者只局限于如何提升学生的学习成绩为导向来开展管理工作，甚至不注重学生的学习过程，只是以学生的最终成绩来衡量学生的个人能力以及学生管理的效果。另外，传统教育中的管理大多是以教师为中心，忽视了学生的主观能动性和个性需要，"以人为本"的教育理念也只是停留在"口号"上。虽然后面的教育管理改革工作也提倡教育管理应该以学生为中心，但在很多实际教学中并没有得到真正落实。这种情况在很大程度上是因为学校的管理工作缺乏完善的管理制度，缺乏清晰的管理工作的权利与责任，具体缺乏全过程、全方位地监管管理工作的能力，造成很多举措都只是"纸上谈兵"。然而，如今的科学技术以超乎常人想象的速度迅猛发展，在这个大环境下，数学孪生技术是否能变革现行的学校教育管理状况呢？

数字孪生时代对学校管理者提出了新要求，如要求管理者向学习者施加的管理不能只局限于如何提升学习效率，而且需要管理者能够对学习者的身心进行管理，以满足学习者的兴趣需求和个性需求，激发学习者的主体能动性，促进学习者身心健康发展，使学习者成为符合社会要求的有理想、有道德、有文化、有纪律的"四有"新人。

数字孪生时代需要的是高素质创新型人才。要使学习者能够顺利跟上时代前进的步伐和满足时代需求，除了学习者自身的不懈努力，还需学校方面落实科学、严谨、细致的管理工作，进而提升学习者的学习力。在数字孪生时代，只有对学习者进行科学化、人性化的管理才能推动学生与时俱进走在时代的前列。而通过超前的数字孪生技术可以帮助学校实现科学化、严谨化的学生管理工作，加快培养出高质量创新型人才。

数字孪生的教育应用能对学生身心施加管理。一方面，数字孪生体实时监测学习者在学校内部的所有活动，如日常移动轨迹、饭堂就餐情况、校医就诊记录及健康指标等，以记录学习者的生理健康状况，进行数字化管理，防止校园流行病大爆发，确保学生身体健康。另一方面，数字孪生利用学习者人脸、体势、语言等数据进行建模，通过分析学习者数字孪生体的表情数据、情绪数据、情感数据对学习者的心理健康进行数字化管理，教师可以及时为学习者提供心理咨询与辅导。除此以外，在课堂中对学习者情绪、情感的观察分析也十分重要，包括从学习者数字孪生体中反馈出的学习热情、学习动机、学习投入与倦怠、课堂互动情况等，能帮助教师真正理解学习者，更好地满足学习者主体的情感和心理需求。

四、数字孪生与师生教与学变革

过去，学生因为单纯地从课堂和书本上接收知识，缺乏实际操作或亲身经历的机会而导致学生学习效率不高、缺乏解决实际问题的能力等。同时，教师也因依靠自身的经验，学生的历史成绩、测试结果及课堂表现等确定教学起点，这致使教师对学生的分析往往是模糊的、阶段性的，甚至是不准确的。随着数字孪生对教育领域的逐步渗透，有望与教师和学生双方分别构建高度统一的虚拟孪生体，不仅能够为学习者数字孪生体提供一个完备的互动模拟环境和反思空间，增强学生的批判性思考和反思能力，提升其学习水平，而且能够为教师孪生体提供各种数据化信息，帮助教师优化和及时调整其教学策略。

（一）主体新形态：学习者孪生体

随着知识经济时代的到来，一场新的"学习革命"在全球范围内悄然兴起。人们愈发清楚地认识到：学习多少知识不重要，而学会如何掌握知识才是最重要的。"学会学习"已经成为未来社会公民需要具备的最基本的素质。这意味着我们要改变"以教师为中心、以课堂为中心、以教材为中心""以题海战术训练为法宝"的传统，进而大力推行"发挥学生的主体性、创造性、积极性"的教育理念和举措。

　　早在 2016 年，世界创新峰会发布的《面向未来：21 世纪核心素养教育的全球经验》一文当中就指明了创造性与问题解决、批判性思维、学会学习与终身学习是未来公民的高级认知通用素养。同年，《中国学生发展核心素养》正式发布，强调了学生需要具备高阶思维能力，即需要具备问题意识、独立思考、多角度分析问题等能力。但目前的学校教育面临着多方面的问题，使得培养学生的高阶思维的教学工作受到一定程度的影响。例如，未能为学生提供解决问题的实际情景，实验设计与验证分离，具身体验探索不足。因此，教育发展需要找到解决上述问题的"突破口"。那么，究竟路在何方？

　　学习者是教学过程中的主体，教学效果是直接落在学习者身上的，所以构建学习者数字孪生体对师生的"教"与"学"都具有极其重要的意义。准确有效的学习者孪生体的构建能够充分提高教学效果和提高教学管理效率。目前，对于学习者整体结构的状态预测与健康管理的方法和技能相对缺乏，同时理论方法也存在着不足。而基于数字孪生技术建构的学习者数字孪生体，可以实现动态实时数据的采集与处理，对学生实体与学生孪生体的实时信息交互与双向真实映射，实现物理实体、孪生体的全生命周期、全要素、全方位的集成与融合，从而实现快速捕捉问题现象，准确定位问题原因，同时评估学生学习状态，进行预测和监督，进而提出相应的解决办法，以模拟、延伸和扩展人的认知能力和操作能力，进而达到人机共生的目标。学习者数字孪生体具有以下四个特征：虚实共生、动态更新、友好交互、数据驱动（见图 2-3）。

虚实共生
实时映射
虚实融合

动态更新
对多维数据进行采集、
存储、传输与分析处理
建构孪生模型

数据驱动
采集与分析
历史数据、实时数据
驱动动态高仿真

友好交互
各种采集技术实现对学
习者的实时感知
智能仿真算法实时分析

图 2-3 学习者数字孪生体

第一，虚实共生。一方面，将物理实体实时映射到其数字孪生体中，实现对物理实体的精准刻画与描述，达到虚实融合的效果；另一方面，通过数字孪生体的反馈，全面感知物理实体的运行态势，预测其发展规律，并根据分析结果对物理实体的行为状况进行协调与管控，达到以虚控实的目的[1]，从而实现学生"真实到场"。

第二，动态更新。学习者数字孪生体借助物联感知类技术、视频录制类技术、图像识别类技术和平台采集类技术实现对学习者的实时感知，并采用智能仿真算法模型自动对学习者各项历史、实时数据进行分析，从而实现认知数字孪生体的动态更新。[2] 这种能够实现对人体数据实时动态更新的技术并不罕见。我们以日常生活中常见的可穿戴设备——智能手表为例一起探析上述技术的应用原理。智能手表上的物理传感器和数据采集元件可以对人体的数据进行采集和编码，进而以可视化的形式呈现在界面将数据信息传递给用户，如可以实现对用户进行步数检测、心率检测、GPS定位等功能。同理可得，数字孪生技术可以实现对学习者孪生体全生命周期的动态更新。

① 王璐、张兴旺：《面向全周期管理的数字孪生图书馆理论模型、运行机理与体系构建研究》，载《图书与情报》2020 年第 5 期，第 86—95 页。
② 郑浩、王娟、王书瑶等：《认知数字孪生体教育应用：内涵、困境与对策》，载《现代远距离教育》2021 年第 1 期，第 13—23 页。

第三，友好交互。通过对学习者全生命周期的数据进行采集、转换、存储、传输与分析处理，在数字空间中建立学习者的数字孪生模型，并借助各类用户界面实现"人机交互"。换言之，学习者数字孪生体与学生实体之间的关联是无间断的、贯穿全过程的。这都得益于数字孪生服务系统的数据驱动。服务系统可以使学习者数字孪生体与学生实体两者的数据进行双向流动，实时精准传输，从而使两者实现友好交互。

第四，数据驱动。通过采集分析学生实体的各项历史数据及实时数据，驱动动态高仿真数字模型不断进行修正，达到增强学生自我反思能力的目的。如学生可以通过观察自身以往学期的学习状态数据、学习成绩数据、综合素质评价数据等，反思自身的优点和不足，进而为今后的学习确定好长期目标、中期目标和短期目标，并根据自身的实际情况和学习水平制订相应的学习计划，合理安排学习时间，督促自己踔厉奋发，勇毅前行。

通过以上介绍，可以得知学习者数字孪生体的功能具体表现如下：学习者数字孪生体能够为物理世界的学生提供学习、操作过程的必要指引和预警提示，进入虚拟的孪生实验情景中进行具身操作，特别是针对物理、化学和生物的一些危险实验。基于数字孪生的实验能够实现对实验原料质量、实验仪器、实验环境等进行精准仿真，从而使学习者数字孪生体能够置身其中，对实验的操作状况进行具身操作、精准预测和可靠评估，使学习者数字孪生体对实验的可行性和实验结果更加全面深入的了解，也能够有效避免物理世界的学生实体受到实验操作不当造成人身安全问题的风险。此外，相关数据的积累能够促进学习者数字孪生体在后续的实验操作中得到改进和优化，提升学习水平。

（二）主导者新形态：教师孪生体

在我国教育发展的历史长河中，应试教育的"种子"已经早早被埋下并且发展到今天。科举制就是应试教育的典型代表，它作为我国古代选拔官员的考试制度，虽然在一定程度上推动了我国传统教育向前发展，也有助于古代的选士和育人，但同时它也使学校失去了其相对独立的地位和作用，成为科举的附庸。科举制度具有很大的欺骗性，如评分主观、考试作弊现象严重、诱骗知识分子为考取功名利禄而浪费终生时间在考场上。此外，这种应试性质的考试制度还会束缚人的思想和败坏学风。例如，导致学校形成教条主义、形式主义的学习风气、影响中国知识分子的性格，使他们"重经轻科"、重书本轻实践、重记忆轻思考，养成了独立性弱、依赖性强的性格特征，甚至形成了功利色彩的畸形读书观、学习观，如"万般皆下品，唯有读书高"等思想。应试教育不可避免地导致老师角色异化。"教书育人"是教师的"天职"，是教师最核心的职责与任务。教书是育人的重要手段，而育人是教书的根本宗旨，二者相辅相成，辩证统一。正如《师说》中所说："师者，传道、授业、解惑也。"教师有教书的职责，备课、上课、课后评价等工作都是为了更好地教书。而现如今，教师角色异化是应试教育的直接结果和必然。为了提高学生的学科分数成绩和升学率，教师忽视学生本身是一个知识和信息的主动建构者，而是把学生当成被动的知识接受者，一味地给学生灌输知识，加大学生的机械训练，却忽视了学生本身的身心发展规律、学生的知识接受能力和内化能力、学生个体之间的差异性，对全部学生都采取同一套教学理念和教学手段，没有因材施教。不仅如此，课程目标设置和课程安排也存在以"分数"为导向的现象。譬如，我国的中小学课程主要以基础课、专业课为主，注重文理分科等，毫无疑问这会导致过度重视对学生"智育"的培养和学生的知识结构不合理的现象。如有些学校出现这样的情况：体育课的上课铃声响起时，同学们准备从教室移步到操场参加体育训练，这时数学老师走上讲台并对同学们说"体育老师请假了，这节课改为数学课……"这样，学生也会沦为应试教育、"填鸭式"教育的异化产物——学生只会做题，只会考试和机械背诵，但学生自身的实践操作能力、创造性和主动性等品质和技能都没有被激发，这不利于新时代学生的全面发展以及创新型人才的培养。

　　数字孪生在教育领域具有远大的应用前景与发展空间，其关键技术是通过在数字世界构建一个与物理实体实时映射、友好交互、高度协同的多元化数字孪生体，为参与到教学活动中的用户如学生、教师、管理者等提供个性化服务，推动教育向更加人性化、透明化和智慧化的方向发展，加快实现人的全面发展。

　　通过数字孪生技术构建的教师数字孪生体能够实现对教学全过程的掌控，有利于开展针对性的教学活动，摆脱传统教育中依靠教师的主观经验、学生的历史学科成绩、学生的测试结果以及课堂变现等因素来设计教学起点，避免了教师对学生情况模糊的、不准确的分析和印象，很大程度上可以扫清教师在传统教学中遇到的各种障碍。

　　在教学过程中，教师数字孪生体能够根据通过传感器和各种数据收集设备所汇集的数据，包括学习者的认知水平、兴趣爱好、学习动机、接受能力、情感态度和以往成绩等方面的数据，制订教学设计方案和决定教学实施的方法。如数字孪生教师能够为学习能力、智力和学习动机较强的学生提供高阶思维的培养方案和策略，包括为学生数字孪生体提供问题解决支架、动态概念图谱和多元批判评价。

　　首先，问题解决支架。问题解决支架是一种有效引导学习者进行问题解决的方法，教师帮助学生引导解决落在学生最近发展区中的问题，通过引导和适当协助促进学生完成其自身无法独立完成的任务。随着学生能力的不断提升，教师逐渐减少对学生的帮助，让学生独立完成后续任务。问题解决过程基本包括问题识别、问题表征、策略选择、应用策略和效果评价五个环节。教师数字孪生体可以以具体的教学内容为基础，为学生数字孪生体创设问题解决支架，引导学生发现问题、提出问题、做出假设、验证假设和得出结论。在这个过程中也能激发学生小组之间的沟通交流和深度讨论，引起学生的认知冲击，拓宽学生的认知范围，提升学生解决问题的能力。

其次，动态概念图谱。通过数字孪生智慧系统，教师数字孪生体可以根据学习者数字孪生体所涉及的与问题相关的知识体系、对问题的理解程度、问题解决策略以及问题解决实操过程等历史数据，以知识图谱的形式动态地被呈现出来，描述学习者数字孪生体在问题解决全过程的动态变更，呈现问题解决方案改进的差异，促进学生高效解决问题和培养学生解决结构不良问题的能力。通过动态概念图谱，学生能够更加直观地看到庞大的知识体系脉络，也能够迅速从中抓住该知识的重点和难点，从而明确自己的学习任务和目前自身的学习水平，能够为学生指明学习方向，少走弯路。

最后，多元批判评价。多元批判评价强调评价主体的多元性，需要教师、学生、家长和社会共同评价。传统教育中单一主体的评价模式已经不合时宜，被时代所摒弃。多元主体的批判性评价体系能够更加客观地反映教学现状，进而改进教学策略，实现教育目的。通过构建数字孪生智慧学习系统，多元数字孪生体可以运用各方数据进行分析和评定，各孪生主体之间也可以互通评价信息，实现评价信息的透明化、无边界化，师生都可以根据评价反馈实时调整自身的教学行为，从而形成一个良性的教学循环。此外，为了实现多元批判评价，教师和学习者需要进行批判性思维相关的知识与技能训练，从而真正地学会评价。

五、数字孪生与教育评价变革

过去，教育评价具有主体单一、方法守旧和内容"重智轻能"等主要特征，以至于教学评价体系不能科学客观地反映学生的学习表现和学习能力，没有真正发挥教育评价应有的作用。数字孪生凭借其先进技术在教育领域产生巨大潜能和推动作用，因此，数字孪生时代下的教学评价体系将朝着打造智能化、多元化、人性化的教学评价体系的方向努力奋进！

（一）认识：教学评价的基本内容

教学评价是指依据一定的客观标准，对教学活动及其结果进行测量、分析和评定的过程。它以参与教学活动的教师、学生、教学目标、内容、方法、教学设备、场地和时间等因素的优化组合的过程和结果为评价对象，是对教学活动的整体功能所做的评价，包括学生学业成绩评价、教师教育质量评价、课程评价等。

教学评价在整个教学过程中起着极为重要的作用。第一，对学校而言，教学评价可以作为记录学生学习情况的依据，定期向家长报告其子女的成绩和具体表现，并作为学生升学、留级和是否达到毕业要求的依据。第二，对教师而言，教师可以凭借教学评价及时了解学生的学习情况并从中得到反馈，进而分析自己教学工作的长处和不足，以更好、更有方向性、更有针对性地提高自身的教学水平。第三，对学生而言，学生自身可以通过教学评价更加清晰和直观地获得学习效果的反馈信息，从而反思自己在学习过程中的优缺点并不断受到激励与警示，帮助自己更好地扬长避短，明确学习方向和调整学习目标。第四，对家长而言，家长并不是实时陪在孩子身边，所以难免会产生对孩子情况不了解的情况，这时教学评价就显得尤为重要了。它可以作为家校共育的"桥梁"和"媒介"，让家长及时了解孩子的在校情况，从而更好地配合学校的工作。第五，对学校领导和管理者而言，教学评价能够让其全面、及时地了解到每个教师、每个班的教学情况及其变化，帮助管理者及时发现问题与总结经验，从而更好地改进教学。

教学评价的根本目的是希望通过教学评价全面知晓整个教学活动的过程和结果，改进教师的教学观念和策略与学生的学习信念和方式，从而使教学活动达到最佳效果。因此，教学评价不能仅局限于教学结果的测量、分析与评定，更要关注教与学的过程；不能只关心学生的学习水平，更要关注学生在学习过程中表现出来的学习动机、情感态度、学习能力、个性需求等。因此，对于优化教学评价，必须以"教师专业性为基本，学生发展性、差异性为中心"为前提和出发点，致力于构建一个科学、客观、公正、合理，能够提升教师教学力和促进学生全面发展的教学评价体系。

（二）分类：多维度的教学评价体系

新一轮基础教育课程改革以来，我国课堂教学评价已克服传统教学评价的诸多不足，取得了很大进步。但是，由于学术界对建构主义和后现代主义的过分推崇，犯了非此即彼的二元论错误，课堂教学评价陷入了新的误区，使得我国课堂教学评价一直挣扎在传统与后现代的博弈中曲折发展。① 下面将以评价功能、评价主体、评价内容、评价方法四个维度进行剖析。

就评价功能而言，甄别功能本身是教学评价最基本的功能，对教学评价起到调节的作用，教学评价的其他功能也是建立在此基础之上，并且通过甄别，教师和学校管理者能够清楚地了解到教学活动的成效，进而能够有目的地、有方向地、有针对性地调整和优化后续的教学行为。但在教学评价实施的实际过程中，甄别功能的"地位"似乎被无限放大，从"基础性地位"上升到"决定性"地位，通过学生学业成绩的高低来进行选拔和甄别，而忽视了学生本身其他方面的关键要素，这无疑是对甄别功能的误用和滥用，扭曲了甄别功能本身的作用。因此，传统的课堂教学评价由于过于注重和扩大甄别作用的做法，一定程度上是不利于教师专业素养和能力的发展以及学生身心健康发展的。归根到底，教学评价是为了促进师生双方共同发展。因此，对于课堂教学评价，首先我们要理性、客观地看待和使用甄别功能，使它的应有作用发挥到最大。其次我们要清楚和谨记评价的目的是促进师生发展，不能本末倒置。

就评价主体而言，评价主体是指具备一定评价知识技能，能够实际参

---

① 卢立涛、梁威、沈茜：《我国课堂教学评价现状反思与改进路径》，载《中国教育学刊》2012年第6期，第43—47页。

加评价活动的人。在传统教学过程中，评价主体往往是教育行政领导、教育专家、学校管理者和教师等。但是，学生和家长也是直接和间接参与教学过程的主体。在情在理，学生与家长也应该拥有和承担相对的教学评价的权利与义务。但现实中往往存在以教育者为主导的评价主体，这一现状具有鲜明的单一性特征，这无疑不能全面、准确反映教学效果和促进师生双方共同发展。换言之，随着各种评价问题的反复出现，这种由单一主体来进行课堂教学评价的机制受到各方面的挑战，已经被迫退出"历史舞台"。因此，多元主体参与评价的发展和变革趋势已经"呼之欲出"。值得注意的是，我们强调的多元主体是"分清主次"和"突出重点"的，即我们并非强调各主体间的评价地位和作用带有"平均主义"的色彩，并非形式地、表面地强调"平等"的主体，而是有目的地强调"重点"的主体。

就评价内容而言，传统的课堂教学评价内容偏狭窄，主要是智育方面的内容，只关心学生知识和技能的掌握，忽视了学生成长所需的其他方面。正如，一个老师会鼓励夸奖学科成绩优异的学生："小明非常用功读书，学习态度端正，按时完成作业，大家要多向小明学习！"而对于学习成绩一般但擅长画画的学生小光而言，老师的态度却截然相反，不分青红皂白地批评道："努力把学习成绩提升上去才是最重要的，其他个人兴趣方面的活动对我们日后的就业是没有多大帮助的。"但这位老师却忽略了班级里的黑板报和画报等内容都是小光组织并带领同学们共同完成的。可见，小光是一个能够团结同学、有个人特长和高尚情操的学生，并非老师眼中"一无是处"的学生。当然，这种教学评价无疑已被现实所摒弃。随着新课改的逐步深入推进，教学评价内容也开始实行革新。教学评价内容既要对学生所获得的知识进行考查，又要拓宽考查内容的维度，更要关注学生的个性、情感、道德、价值观等非智力因素的发展。这无疑为教学评价内容注入了"新鲜血液"，极大地丰富和优化了教学评价内容，提高了教学评价内容的科学性、客观性和可参考性，也有利于促进学生的身心健康和全面发展。

就评价方法而言，评价方法是教学评价体系中极为重要的核心要素之一，它直接影响课堂教学评价的成效。我国教学中存在以下几种评价方法：观察法、测验法、调查法和自我评价法。其中，观察法是通过感官直接感知被评价者的行为，进而进行分析和评定的方法，它适用于对教学中不易量化的行为表现（如兴趣、爱好、态度、习惯与性格等）和技艺性成绩（如唱歌、跳舞、绘画等）进行评价。测验法是考核、测定学生学业成绩的基本方法，主要以笔试方式进行，这类方法适用于测定科学文化知识的掌握程度，但对于学生的智力、能力和行为技能等水平的测定是难以实现的。调查法是为了悉知学生的学习情况进行学生成绩评定而搜集资料的一种方法，常见的调查法是社会调查法。自我评价法是指学生根据自身的作业完成情况和学习表现来对自身能力和水平的评定，它有助于学生更好地理解教学目标，正确评价自己。此外，在评价方法的使用上，我们应该注意采取多种评价方式相结合，根据实际情况选择适当的评价方式，使各种评价方法形成最大的教育合力，相辅相成，推进教学活动有序发展。

（三）趋势：基于数字孪生的多元化评价模式

2018年4月2日，《教育部关于印发〈高等学校人工智能创新行动计划〉的通知》（教技〔2018〕3号），要求推进"新工科"建设，当中提到推进智能教育发展，即推动学校教育教学变革，在数字校园的基础上向智能校园演进，构建技术赋能的教学环境，探索基于人工智能的新教学模式，重构教学流程，并运用人工智能开展教学过程监测、学情分析和学业水平诊断，建立基于大数据的多维度综合性智能评价，精准评估教与学的绩效，实现因材施教。可见，基于大数据和数字孪生的多维度综合性智能评价体系是大势所趋，我们必须致力于完善智能评价体系的规章制度，提高数字孪生智能评价体系的关键技术，培养师生智能评价的能力，朝着这个大方向不断前进。

基于"新工科"人才、高质量人才、高阶思维人才的培养要求，我们必须转变现有的课程目标体系，不仅强调知识体系，更强调能力体系；不偏重于知识的传授，更要体现能力的达成；对目标的实现要有明确的支撑；同时以目标达成为评价基础，并进行及时反馈和持续优化和改善。紧扣这个课程目标，基于数字孪生的多元化评价模式，从评价方式、评价内容、评价主体、评价对象四个维度进行改革与实践，形成多维度、全覆盖的评价模式（见图2-4）。

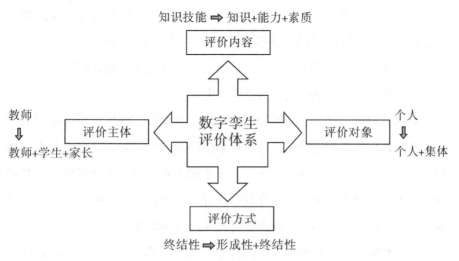

图2-4　数字孪生的多元化评价模式

第一，形成性评价与终结性评价相结合。在过去的评价考核过程中往往只是通过学生的期中和期末考试成绩进行终结性评价，这种情况下教师往往不能够及时得到教学效果的反馈，进而有效和有质量地调整教学实施的策略，并且在一定程度上也会影响学生的学习动机和表现。因此，我们需采取形成性评价与终结性评价相结合的评价方式。形成性评价以改进和完善教学活动为目标而对学生学习过程进行评价，能够通过及时的反馈信息来调控教学过程，激励学生学习。如教师可以对学生开展一些形成性测验、随堂测试与提问、观察等，侧重质的评价方式。

数字孪生图像采集与识别技术主要是以学生在课堂上的肢体行为（如记笔记、提问、回答问题等）为主，面部表情识别（如遇到易懂或兴趣点时表现出兴奋，遇到难题时表现出疑惑等）为辅，分析学生在数字孪生学习空间中的学习情况，挖掘不同的学习行为、生理参数等，通过数字孪生技术进行自动识别，实时反馈，及时跟进和全面监督学生的学习情况，进行形成性评价，通过评价反馈及时调整教学策略，从而实现教学要素和教学流程的定量化、透明化管理。此外，数字孪生体具有可溯源性，通过对学习者的历史数据与实时数据的对比分析，形成学习者各方面、各阶段的个人学习和成长报告，教师可以对学习者的学习进程进行跟踪。借助数字孪生技术，教师可以实时观察学习者整个学习过程中知识、情感、意志、行为的变化并进行过程性评价，与传统主观的评价方式相比更科学、精确和全面，更符合学生全面发展的评价要求。

第二，知识、能力、素质并重的评价内容改革。以往的评价主要关注学生的知识与技能掌握情况，只考查学生的科学文化知识的成绩是否达到课程要求的知识与技能指标，缺乏对学生能力和素质的全面考核，这种评价内容上的片面化不能支撑新课程目标达成。因此，评价内容需要扩大范围，把学生能力和核心素养等方面纳入评价内容体系中。

通过数字孪生技术把纳入评价体系的核心素养、科学意识、实践能力和创新精神等新内容进行收集、编码、转换和储存，结合可穿戴设备、增强现实技术、脑机接口等对学习者孪生体的具体表现进行评价考核，颠覆了传统单一维度的评价内容的状况，为评价管理者打造一个"真实到场"的评价情景和"全方位"覆盖的评价内容体系。

第三，教师、家长、学生共同参与的评价主体改革。评价主体多元化将师生看成学习共同体，鼓励教师与学生之间、学生与学生之间相互学习、彼此为师，共同构建课程评价主体。[1]

基于数字孪生的评价主体包括教师数字孪生体、学生数字孪生体、家长数字孪生体。数字孪生体通过对认知实体整个生命周期内的多元异构数

---

[1] 罗三桂、刘莉莉：《我国高校课程考核改革趋势分析》，载《中国大学教学》2014 年第 12 期，第 71-74 页。

据采集分析，创建高度仿真、动态仿真的智能数字模型，以模拟、延伸和扩展人的认知能力，进而达到人机共生的目标。[①] 三者可以共同参与到评价过程中，如教师数字孪生体可以对学生孪生体的学习状况与成果进行评价；学生孪生体可以根据教师孪生体的引导，对自身的作业、试卷进行评价；家长孪生体可以根据教师与学生的评价反馈获得相应信息，进而发表自己的评价建议。

数字孪生时代要继续完善和优化教学评价，提高教师的评价客观性、全面性，进而促进教师自身的专业性和技能素养；提高学生的自我评价能力、反思评价能力，让教学评价在教学过程中更好地发挥作用，促进学生全面发展和个性化发展。

综上所述，数字孪生以其多领域、多尺度融合建模、数据驱动与物理模型融合的状态评估、数据采集和传输、全生命周期数据管理等关键技术为未来教育打造了一个具有高保真性、实时交互性、虚实共生性以及沉浸式的智慧学习空间，能够为学习者具身探究知识、认识世界和改造世界，并促进自身高阶思维发展和解决实际问题提供支持。

① 郑浩、王娟、王书瑶等：《认知数字孪生体教育应用：内涵、困境与对策》，载《现代远距离教育》2021 年第 1 期，第 13-23 页。

第三章

数字孪生与未来课堂

课堂已经成为教育教学的主阵地，课堂教学一直处于各项教学活动的核心，承载着培养提高师生的科学素养、个性品质、文化修养的重任。可以说，课堂教学工作是整个教育教学工作中最关键的一项教学活动，一直以来都备受人们的关注，尤其是基础教育改革和新课改更催生了人们对课堂的关注。新时代需要我们培养具备创新素养和创造力、全球化和国际视野的人才，然而当下的课堂教条化、模式化、单一化、静态化的特点导致无论在课堂物理环境上还是在心理环境上均需要做出相应的改变才能满足要求。① 此外，课堂的空间结构设计与组织形式的差异也会带来不同的教学效果，甚至影响人才培养的质量和规模。在科学技术迅猛发展的今天，课堂必将迎来颠覆性的变革以适应人才培养和未来社会发展的需要。

未来课堂的设计与应用已成为教育技术研究的一个新方向和新领域。随着以互联网、大数据、人工智能、数字孪生、元宇宙等为标志的新一代信息技术的快速发展及其在教育领域中的广泛应用，数字孪生未来课堂将强势"降临"，给当下的课堂形式带来强烈的冲击。这一方面是科学技术发展的必然结果，另一方面是社会发展对教育技术化的应然要求。

数字孪生借助多领域和多层次的关键技术，如大数据技术、人工智能技术、虚拟现实和扩展现实技术、云计算技术和物联网技术等搭建一个具

---

① 郑金州：《重构课堂》，载《华东师范大学学报（教科版）》2001 年第 3 期，第 53–57 页。

有人性化、交互性、混合性、开放性等特征，集所有教学活动要素（包括人、环境、资源、技术）高互动和理论知识教学与实践操作虚实融合于一身的智慧课堂，从而创造出前人无法想象的课堂表征方式，推动课堂教学不断向前发展。

一、教育教学课堂的演化

在教育的历史长河中，课堂形式历经多次变革。从物理教室和活动空间到未来的虚拟课堂、虚实融合课堂的转变可以看出，课堂正在不断被人们重构，其形式也正在经历着演化。

（一）课堂的内涵

迄今为止，学界尚未给出关于课堂概念的定论，其最流行的说法主要有两个层面：一是从教学空间的物理角度来看，课堂是指教室，即课堂是师生进行教学活动和知识传授与接收的场所；二是从心理的精神层面来看，课堂泛指能够支撑各种教学活动正常进行的一切要素，它涵盖了具体场所、教学活动等要素。当前学界分别从不同的视角进行分析，从而对"课堂"给出了不同的定义。

第一，场所视角。在这个视角之下，课堂具有广义和狭义之分。广义的课堂泛指师生进行各种教学活动的物理场所。狭义的课堂是指通过各类教与学的活动来帮助学生掌握科学文化知识、发展智力和能力以及提高品德修养和宣扬学生个性的实体场所。

第二，活动视角。这个视角强调以教师为主导，引领和组织学生开展各种贴近生活实际和社会实际的活动，以此促进学生发展。

第三，综合视角。这个视角将教学环境、教学活动、学科课程、师生关系等维度纳入课堂体系之中，认为课堂是进行人才培养的专门场所。

第四，共同体视角。这个视角把课堂看作一个学习共同体。课堂作为学习共同体，应该是一个自由的共同体、一个生命的共同体、一个有序的共同体。学习共同体还应是一个智慧的课堂。课堂作为学习共同体的实质是把教师和学生从一种"客位"的生活状态转向一种"主位"的生活状态。①

第五，生命体视角。叶澜教授认为："教育是直面人的生命、通过人的生命、为了人的生命质量的提高而进行的社会活动，是以人为本的社会中最体现生命关怀的一种事业。"新课程理念下的"课堂里教师和学生不只是在教和学，他们还在感受课堂中的生命的涌动和成长，只有这样的课堂，学生才能获得多方面的满足与发展，教师的劳动才会闪现出创造的光辉和人性化的魅力"②。

从学界的代表人物和权威学者的观点不难发现当前对于课堂的定义都有一个万变不离其宗的内涵，即课堂为教育教学活动的基本组织形式，既是学生学习知识的场所，也是学生交往的场所和社会化的重要天地。因此，课堂不仅是学生进行知识构建的空间，更是学生生命活动的场所。

然而，时代在永无止境地向前发展，加之教育本质上就是为培养适应当下和未来社会发展的人才，课堂作为教育不可或缺的主要载体，也必将不断迭代更新和面向未来，由此催生了具有超前性、系统性和多功能的未来课堂。

根据苏州科技大学的陈卫东对课堂的研究，未来课堂是相对传统和现代课堂而言的，是在以人本主义、互动、环境心理学等相关理论和智能空间、云计算、人体工学等技术的支持下，以互动为核心，充分发挥课堂组成各要素（人、技术、资源、环境和方法等）的作用，实施教与学，以促

---

① 安富海：《课堂：作为学习共同体的内涵及特点》，载《江西教育科研》2007 年第 10 期，第 106-108 页。

② 叶澜：《让课堂焕发出生命活力——论中小学教学改革的深化》，载《教育研究》1997 年第 9 期，第 3-8 页。

进人的认知、技能和情感的学习与发展的教与学的环境与活动。[①] 结合了先进的教学理念和超前的技术体系、关注学生全面发展和终身发展的教与学的完美环境的未来课堂，有着独树一帜的鲜明特征：高互动、可视化、人性化、个性化、无边界、灵活性、安全的、可持续的、先导的、团队的、独立的、激发创造力的、多用户的、多场景的、虚实融合的、技术完善的等。根据多方面的特征，世界各国都提出了关于未来课堂的构建理念。下面不妨来看一下各国未来课堂实现的实际情况和异同。

LAVA 建筑事务所创建了澳大利亚"未来的教室"，该教室贯穿了绿色建筑的理念，其设计理念的关键点在于"多功能"。这正是它的独特之处，它能够实现室内温度稳定，教室的屋顶也具备防晒、雨水收集和光伏发电等功能，极大地减少了相关能源用于加热或冷却。

欧洲国际采购中心（International Industry Technology Trade Exhibition Center，ITEC）在欧盟 ITEC 项目中提出"集中在学生的学习中"或者"关注学生的学习过程对环境的要求"的未来课堂。此课堂明确突出团队学习、独立学习、在学校外收集数据、与外部专家合作、观察和设计、基准与设计。

在我国，华东师范大学也明确提出了未来课堂的概念，当中涵盖了人性化、混合性、开放性、智能性、生态性和交互性等特征。通过技术设计和应用体现以人为本的精神，摆脱传统教学过程和教学技术的束缚，更多地关注教学本身；通过正式学习和非正式学习的混合，给学生提供亲身实践和解决问题的契机；通过开放的课堂教学组织形式和教学资源，为学生打造灵活、舒适和个性化的学习空间；通过多设备嵌入，为学生提供智能性的课堂服务和新奇体验；通过与周围环境的有机融合，为学生构建平等、和谐、开放的生态系统；通过不同类型的交互原则实现人、环境、资

---

① 陈卫东、张际平：《未来课堂的定位与特性研究》，载《电化教育研究》2010 年第 7 期，第 23—28 页。

源的技术的无障碍交互。

由此可见，未来课堂与传统课堂既相互联系又相互区别。它是一种融合了超前技术、体现人文和崇尚人本的集成课堂。一方面，它充分体现为多技术支撑和多设备使用，实现了无线上网、分区学习、团队协作、具身情景、各方互动等功能。另一方面，它体现了后现代特征的概念课堂，即简洁课堂，实现了人性化设计、舒适、灵活等效果。此外，未来课堂体现了虚拟现实技术和现实增强技术的高科技课堂，此课堂中的每个数字化身都一一对应着实际的教学活动参与者、教学设施设备、教学环境等，实现各个角色之间的交流、互动、操作。

（二）课堂的三个进化阶段

如果把课堂看作教学活动场所，那么根据时间维度可以将课堂分为三个发展阶段，分别是古代的初创萌芽时期、近现代的深化发展时期和未来的革新时期。

第一阶段，初创萌芽时期。第一阶段出现的标志是公元前3500年左右诞生于苏美尔的泥板书屋，它是最早建立的学校，引领人类开启了教育教学时代。泥板书屋中没有讲台，大致可以容纳45人，室内布满泥板，后人推测其为学生的作业。到了中世纪时期，开始出现了一种新的教育机构——教会学校，它主要有僧侣教育和骑士教育两种教育形式：一方面，它可以起到培养社会所需要的实际应用人才、提高人格品质修养等作用；另一方面，两者分别带有宗教色彩和重在灌输服从与效忠的思想观念，不利于人的全面发展。

就我国的教育发展历史而言，课堂与学校的产生是同时发生的。从我国奴隶社会的夏朝起，就有了课堂的萌芽形态——"庠"。"庠"，"从广羊声"，"广"是房舍的意思，也就是进行教育的场所。课堂经历了从夏朝出现最早的学校——"成均、庠、序"到"杏坛、庙宇讲学、私塾、书院"等私学，再到后来的"官学（成均）、上庠、序（大学）、国子监（隋朝起）"等形态。①

我们不妨来看看何为私塾。私塾是民间私人所办的蒙学的统称，由私人开设于我国古代家庭、宗族以及乡村内部的民间幼儿教育机构，对儿童和青少年进行启蒙教育和基础教育，主要任务包括识字、写字、阅读、作文和封建道德教育。它也逐渐成为中国古代社会中后期国家基础教育的主要承担者。私塾大致上可以分为四种：家塾、学馆、义塾、专馆。家塾是指古代宦官和殷实人家聘请优质教师到家中去教育其子弟，正如我们所熟知的《红楼梦》里的家塾。学馆是指由秀才或者其他由文化学识的人在自家创办的私塾，也称"散馆"，如"三味书屋"。义塾是指由私人或社会团体兴办的公益性学校，因此也称为"义学"，同时它也是私塾中规模最大的学校。专馆又称为村塾、族塾和经馆，是指由一家或数家、一村或数村的人单独或联合聘请教师给其子弟传授知识的村学，其学习内容以儒学为主。

综合国内外萌芽时期的课堂情况，我们可以看出课堂教育培养了社会所需要的人才和顺应了时代发展的需求，具有跨时代意义。然而，我们也要带着辩证的眼光来看待萌芽时期的教育贡献和不足。譬如，这个时期存在着课堂内容单一、场所单一、培养目标扭曲等现象，不利于培养科学的人才和促进人的健康发展。因此，亟待目标更为明确、内容更为科学、制度更为完善、组织更为有效、评价更为全面的课堂的诞生。

第二阶段，深化发展时期。到了19世纪初，随着资本主义和科学技术的迅速发展，教育不断得到普及，教育规模也在不断扩大，原本的个别化和小规模的学校逐渐过渡为大容量的教室和学校，同时也出现了"导生制"的教育模式。"导生制"是指由英国的教会人贝尔和兰卡斯特在印度和伦敦创办的学校，具体通过教师在学生中挑选一些年龄较大以及学习成

---

① 陈卫东：《教育技术学视野下的未来课堂研究》，华东师范大学2012年博士学位论文。

绩较好的学生进行知识的传授，而后由这批学生充当"小老师"，对其他学生进行教学，以解决英国初等教育质量低下和师资不足的问题。这种方法在一定程度上推动了教育的向前发展，它使学生人数大大增加，由此一度广受欢迎，但其因自身存在难以确保教育质量而最终被时代所抛弃。

彼时也出现了多元化的课堂形式。例如，分班教室的课堂理念达到了减少班级人数以提高学生集中精神进行学习的效果；美国进步主义教育引发了教育变革，开始重视儿童的兴趣爱好、知识实用性、实际操作能力和活动参与，开始提倡个别化的教学和课堂形式，在一定程度上打破了"以教师为中心"的教学传统，有效提升了学生的主体地位以及发展了学生的能力和个性；英国盛行的"开放课堂"，通过开展各种小组活动、伙伴式学习活动、电子计算机辅助以及电视、广播等远距离教学以顺应儿童的身心发展和个性差异；20世纪50年代的美国提出了"协作课堂"的理念，实行"特拉姆普制"，通过大组教学、小组教学以及学生自学相结合的课堂形式以培养学生的协作能力和人际交流能力；到了60年代，日本教育界也意识到传统课堂的弊端并以英国的学校建筑和课堂实现为参考，创造了适应自身的个性化教学理念和新型学校建筑；80年代，美国进一步提出"友好教室"（friendly classroom）和"软件教室"（soft classroom）的概念，其独特之处在于其非常注重家庭氛围的因素并由此来调节教室的光线、声音、色调、温度和湿度等，力求为学生提供舒适和放松的课堂环境，以促进学生投入学习。

就我国而言，课堂也经历了从初始化形态到基本定型形态，再到多元化形态的演化。

第一，课堂教学模式方面。我国经历了传统的师本课堂教学阶段。它最鲜明的特征是教师独白形式，一定程度上能够推动我国的教育事业产生质变级的作用，但其中也不乏"一言堂"的意味。根据赫尔巴特的"五步教学法"——准备、提示、联合、概括和运用，以及本国教育的实际情况我国进行中国化和本土化的改造，并明确课堂标准为：目标明确、内容正确、突出重点、方法科学、启发诱导、组织合理。不难发现，这些标准只针对教师。换言之，课堂是由教师的语言讲授、教师主导和掌控以及教师的单向独白，并没有体现学生的接受能力、没有尊重学生的主体性和个性化，甚至忽略了学生是"在日常生活中习得经验和知识"的有思想的人而并非"空着脑袋进入课堂"的机械被动的人的事实。这个阶段的课堂教学模式虽然设计结构良好，课堂教学的内容和因素也都在教师的能力和控制范围之内，但这也容易造成教师的绝对权威地位而使学生处于迎合或被动状态，亦步亦趋地按照教师的指示进行学习，但并不明白所学知识与日常生活以及社会有何作用。

第二，课堂教学结构方面。这个时期的课堂具有移植模仿和本土实验的特征。新中国成立后，我国的教育教学借鉴了苏联教育家凯洛夫在其著作《教育学》中所介绍的混合课堂，并归纳提炼为五个课堂教学环节：组织上课（5分钟）、检查复习（10分钟）、讲授新教材（15分钟）、巩固新知识（10分钟）、布置家庭作业（5分钟），这就是新中国成立初期中国课堂使用最为普遍的凯洛夫模式的教学结构。而随着1978年改革开放政策的实行，我国教育事业也迎来了深化发展的春天。教育研究者们反思凯洛夫五环节课堂教学结构在实践中的弊端，积极创新教学方法，开展教学实验，突破旧结构、创造新结构，进而以社会之力携手推广，共同推动这一阶段自下而上的课堂教学结构的改革，课堂教学也因之异彩纷呈。譬如，出现了新型讲读式课堂教学结构、自学辅导式课堂教学结构和以"情"促学式课堂教学结构等。[①] 这些新型的课堂教学结构形式在一定程度上克服了原始课堂教育的诟病，开始注重创设整体情景、激发学习动机、培养解决问题能力，是我国课堂教育发展史上一个里程碑式的进程。

第三阶段，革新时期。新一代信息技术的高速发展，对课堂教育教学也提出了更高的要求。由于现行教育中课堂形式单一、过于注重书本知识

[①]　黄盼盼：《新中国成立70年来课堂教学结构的演变》，载《当代教育科学》2019年第10期，第3-8页。

的"习俗"没有得到根本改变，且学生对所学知识的运用也没有得到很好的体现，进而导致学生的理论知识和实践相脱离。人们也开始发现各项科学技术在课堂教育领域的巨大潜能和作用，各国争先恐后地开发基于先进技术的未来课堂。而数字孪生从众多信息技术中脱颖而出，从而构建了崭新的课堂形式——数字孪生未来课堂，它集成了技术、教育、人本和人文等维度，将课堂全过程、全方位、全结构与数字孪生技术进行无缝式、立体式的融合，回归课堂教育本身的育人目标和体现教育价值，散发出未来教育的艺术魅力。

首先，数字孪生未来课堂能够促使学生的能力培养目标发生转变，不再一味地强调学生对科学文化知识的死记硬背，而是强调培养学生的动手能力和发展其个性，学生能够通过由大数据、人工智能、物联网、虚拟现实等核心技术搭建而成的数字孪生未来课堂有针对性地学习，由此，学习任务和学习难度会与学生自身的学习能力、理解能力、学习动机等充分配对，使课堂教学能够落在学生的"最近发展区"上。同时，学习方式也产生相应的变革。由于学生学习方式是一个完善的方法体系，不仅涉及学生的思维方式，还包含了学生的实践方式。而数字孪生未来课堂可以拓宽学生学习的渠道，开辟了一些崭新的学习方式，如无边界学习、具身体验学习、个性化学习、终身学习以及学会学习等。

其次，数字孪生未来课堂能够有效建立良好的新型师生关系，师生的地位和角色也会发生相应的变化。在数字孪生未来课堂中，课堂形式逐渐丰富和充盈起来，如"第二课堂"在此得到前所未有的重视，学生能够随时随地进入高度接近现实的虚拟课堂去组织和参与各种有助于增强自身能力和满足自身个性需要的有意义的活动。随着课堂形式的转变和发展，学生在课堂教学活动的中地位也得到了充分的重视，开始成为"课堂的主人""教育的主人""研究的生力军"。

最后，数字孪生未来课堂能够实现高度智能化和科学化的全方位课堂管理功能。它凭借各方数据的互联互通和有效驱动，使课堂所有的元素、物体、资源、人物、环境等都能在一定的监控范围之内实施监测，进而生成相应的解决方法，达到了"省时、省力、高效"的管理效果。同时也颠覆了过去需要动用大量人力、物力和时间才能完成的工作指标，有效提升了课堂教育管理工作的针对性、时效性与实效性。

二、数字孪生的高互动学习空间

在数字孪生的高互动学习空间中，课堂互动围绕着教育教学目标，统筹和整合课堂教学过程中的各个关键要素和主要内容，使教师、学生、环境、资源和技术之间形成一个良性的交互关系，从而使课堂处于一个整体性的动态生成状态中。

（一）数字孪生的高互动课堂的内涵

"互动"一词的英文是"Interact"，动词，意即"互相作用、互相影响、交互感应"，其形容词为"Interactive"。"Inter"是拉丁语的前缀，意思是"相互的"，"active"指"积极的，能起作用的，现行的"。两个词合起来为"Interactive"，意即"相互影响和相互作用的"。互动在中文里原属社会学术语，原指人与人之间的相互作用。[①] 互动已然成为未来课堂的核心。

数字孪生的高互动课堂可以理解为依靠大量核心技术支撑（如大数据、人工智能、物联网、云计算、虚拟现实、5G等先进技术）搭建而成的智能化泛在学习空间，通过多种传感设备或终端实现与物理世界的动态交互，将物理世界与数字世界有机连接成一个整体，具有科学性、超前性、技术性、人本性、互动性以及灵活性等特征。在数字孪生的高互动课堂中，所有教学活动参与者、环境、资源之间都能进行智能化和友好性互

---

① 陈卫东、叶新东、秦嘉悦等：《未来课堂——高互动学习空间》，载《中国电化教育》2011年第8期，第6-13页。

动，具有科学文化知识和人文情怀的友好界面和媒介，从而使师生之间、生生之间、人与环境、人与资源、人与技术等关系之间都能进行实时交互。

在数字孪生的高互动课堂中，情境性具有重要价值。情境性表达出对认识论客观普遍性、必然有效性的批判，表达出认知并非脱离场景、语境、境遇的普遍、中立性行为，而是嵌入环境之中，在与情境相互对话，大脑、身体以及环境三者组成了一个动态的统一体。[①] 未来课堂通过研发和融合超前的和谐交互技术，为教师和学生提供一个高信度、高效度的教学信息获取、交流、互动的教与学空间，从而推动学习、讨论和合作的效率显著提高。在数字孪生高互动的未来课堂中，多种不同来源的知识和信息将会集成地展示在三维的虚实孪生空间中，教师和学生能够在多屏界面中以最自然和便捷的方式与信息数据库直接取得联系和互动，也能够随时随地与远程的专家、学者、同伴进行有效的实时协作和交流，互动全过程将被自动储存于数字孪生服务台中，以便后续检索、评价和参考。

在数字孪生高互动课堂中，学习者不仅可以与物理课堂内的教师、同学进行互动，还可以与学习支持系统中的"孪生智能代理人"在虚拟实境中进行动态交互，从而获得根据学生个人具体学习情况制定的个性化学习支持。其中，"孪生智能代理人"能够实时追踪同伴之间的联络、自动监测并提示学习者的学习进度、自动收集和汇总课堂的关键信息，从而促进学生快乐学习、高效学习和自发学习。

这种互动使数字孪生未来课堂充分体现有意义学习和以人为本的创新教育观。一方面，它不仅仅涉及基础知识的学习，更是一种使学生的行为、态度、个性以及未来选择行动方针时发生重大变化的学习。也就是说，通过课堂中的良性互动，它能够驱使学生各方面都融合在一起进行学习，而并非局限于增长学科知识的课堂。另一方面，它隐喻了"以学生发

---

① 张良：《论具身认知理论的课程与教学意蕴》，载《全球教育展望》2013 年第 4 期，第 27-32、67 页。

展为中心"的教学理念，通过各方的及时、畅通互动促进学生身心发展。

数字孪生互动课堂蕴含着极大的价值和意义，它能够推动研究性学习顺利进行，形成集体智慧和学习共同体。

首先，研究性学习。在数字孪生未来课堂中，学生在教师的指导下与教师积极互动和友好交流，从学校生活和日常生活中发掘、选择和确定研究专题，用类似科学研究的方式，主动地获取知识并应用知识去解决实际问题，做到真正的学以致用，也体现了教与学的过程是高互动的，从而改变学生的学习方式，拓宽学生的学习领域，理解学生的学习情感体验以及培养学生的创新精神和实践能力。

其次，集体智慧。在数字孪生未来课堂中，学习活动某种程度上可以说是社会建构的过程。不仅如此，学生是一个独立而完整的个体，更是集体和团队的一分子，通过数字孪生互动课堂，教师与教师之间能够及时互通教学信息、分享教学经验，形成教育合力并发挥同向作用；教师与学生之间能够友好沟通，打破传统师生关系的隔阂，从而能够建立良好的师生关系。不仅如此，还能促进学习者的新旧知识的互动，使之产生新的有意义的关联、组合或统整的过程和结果，达到"1+1>2"和优化组合的学习效果。更重要的是，其有效培养了学生热爱集体和为了集体的情感和行动。

最后，学习共同体。在数字孪生未来课堂中，学习共同体分为现实学习共同体和虚拟学习共同体，两者并驾齐驱、友好交互。学习共同体，是为完成真实任务或问题，学习者与其他人相互依赖、探究、交流和协作的一种学习方式。它强调共同信念和愿景，强调学习者分享各自的见解与信息，鼓励学习者探究以达到对学习内容的深层理解。[1]

互动式情境课堂将成为未来课堂的必然趋势。互动由表及里、由浅入深、由大到小地渗入数字孪生未来课堂的每一处角落——从物理空间搭

---

[1] 钟志贤：《知识建构、学习共同体与互动概念的理解》，载《电化教育研究》2005年第11期，第20-24、29页。

建、设备功能开发以及教与学活动的选择和执行无一不体现出其高度互动性。具体而言，未来课堂的交互性主要体现在未来课堂中的教与学的过程更多地体现为一种互动过程，这种互动包括教学者与学习者之间的互动，学习者与学习者之间的互动，教学者、学习者与教学资源、学习资源之间的互动，课堂教学主体与课堂设备之间的人机互动，现实课堂与虚拟课堂中的人、资源与设备的互动等。[①] 譬如，苹果公司在 20 世纪 80 年代启动"苹果明日教室"计划（apple classroom of tomorrow，简称 ACOT），该计划最显著的特点是在把现代的计算机技术融入教育，为人们展示了一种完全不同于传统的教与学的模式——以课程为中心向以学生为中心转变，把学生从被动地学习引导到主动地学习，从而有效地提高教学效果。有研究证明，苹果明日教室培养的学生在创造性、学习热情、团队工作精神等方面都大大高于普通教室（即当下社会中客观教室）里培养的学生。[②] 我们从中可以充分认识到，互动性课堂具有巨大的潜能和教育价值。

（二）数字孪生的高互动学习空间的互动形式

在数字孪生时代的高互动课堂中，新的教育空间将不断出现，未来课堂与传统课堂之间的交叉融合程度将不断深化，使传统课堂空间中存在的"人、环境、资源、技术"以及它们之间的关系都将被重新定义并产生新的互动形式。数字孪生的高互动学习空间的互动形式包括三种，分别为人机交互、人际交互及人物交互。

第一，人机交互。数字孪生高互动学习空间是嵌入了计算机、传感器、信息网络等装置的教与学的空间，具有高效便捷的交互接口以支持课堂活动参与者获得系统性的服务。人们在孪生课堂中的学习过程在某种程度上等同于计算机系统的使用过程，也就是人与计算机系统不断发生交互

---

① 陈卫东、张际平：《未来课堂的定位与特性研究》，载《电化教育研究》2010 年第 7 期，第 23-28 页。

② 秋童：《未来教室：现实与梦想》，载《教学与教材研究》1996 年第 2 期，第 41 页。

的过程。此时，计算机不再是被动地执行人类下达的操作命令的信息处理工具，而是成为协作教师和学生完成教与学任务的"得力助手"和伙伴，人机双方是一种自发的、步调一致的协作关系。

第二，人际交互。与传统课堂相比，数字孪生未来课堂的人机互动形式更为丰富和多元，不仅涵盖了师生互动、生生互动、师师互动，还包括教师与教学支持者、学生与教学支持者、现实学习主体与虚拟学习主体之间的互动。孪生课堂中布满每种数据采集器和蕴含物联网、云计算、人工智能、虚拟现实等多种先进技术，能够无缝式地将每对人际关系的数据和信息进行实时传输、处理和整合，从而实现各方人际的动态更新和友好交互。譬如，教师可以在孪生课堂后台服务系统中提取学生相应的课堂表现、作业完成情况和正确率，以获得学生学习的信息反馈，进而及时为学生制定个性化和针对性的教学计划和策略。

第三，人物交互。这里的"物"包括环境和资源两部分。首先，人与环境之间的互动在孪生课堂中呈现出智能化的特征。环境中的每一个物体都有其对应的孪生体并且都在孪生系统的"视线"下进行智能监测和操控，进而使环境中的物体自动做出相应的动作。如在各种技术的作用下，能够根据实际情况的需要，实时控制和更改课堂内各板块和区域的照明情况，以确保课堂的最佳光照状态和视觉体验；课堂内的温度和湿度也可以根据不同的气候特征和表现进行相应的调整和更换；课堂内的教学用具和学习桌椅也能根据每个学生的身高和体重灵活地调整款式、质量、高度等，给学习者创造一个舒适的、具有安全感的、温暖的学习环境，从而促使学习者心无旁骛地把所有精力集中在学习上。

三、智慧学习环境：VaA 未来课堂

未来课堂不仅能够帮助学生能动地认知世界，还能够帮助学生主动地创造世界。通过虚拟现实技术和现实增强技术助力，未来课堂将实现仿真

"零成本"，成为未来教学不可或缺的主阵地。

基于已有未来课堂的研究现状和最新科学技术发展趋势，我们着重分析数字孪生"虚拟现实+增强现实（VR and AR，VaA）"未来课堂的构想，将虚拟现实技术和现实增强技术融入未来课堂当中，强调个性化学习、人机交互、教学资源丰富、智能操控、技术超前以及生态健康可持续的新型课堂理念。

（一）基于数字孪生的虚拟现实课堂

虚拟现实（VR）是最近几年在信息通信技术业界（information and communication technology，ICT）出现频率较高的词语，它是许多相关学科进行交叉、融合的产物，其中包括数字图像处理、计算机图形学、多媒体技术等多种信息技术。虚拟现实是指由计算机程序建构的真实或接近真实的三维虚拟情境，用户利用某种手段进入虚拟情境，并与之交互，从而建构起对于现实世界的合理认知，其中涉及四个维度，分别是计算机程序、用户（人）、现实世界、虚拟情境。[①]

具体而言，VR可以理解为多种高科技技术的综合，包括实时三维计算机图形、广角（宽视野）立体显示、头眼手等部位跟踪、触觉/力觉反馈、立体声、网络传输、语音输入输出等技术。它是利用计算机或手机等终端生成一种模拟环境，从而创建和体验虚拟世界的计算机仿真系统，是一种多源信息融合的、交互的三维动态视景和实体行为的系统仿真，能使体验者沉浸到模拟环境中。[②]它具有沉浸感、交互性、构想性三个基本特征，并通过视觉、听觉、触觉甚至是嗅觉等作用为用户打造出一个随时随地置身其中的交互式仿真世界。在交互设备支持下能以简便、自然的方式

---

① 刘勉、张际平：《虚拟现实视域下的未来课堂教学模式研究》，载《中国电化教育》2018年第5期，第30–37页。

② 王玲：《基于5G网络VR技术在智慧党建中的创新应用》，载《通信与信息技术》2019年第4期，第70–74页。

与计算机所生成的"虚拟"世界对象进行交互作用，通过用户与虚拟环境之间的双向感知建立起一个更自然、更和谐的人机环境来保证的，因此，人机交互是虚拟现实为用户提供体验的核心环节。[①]

数字孪生 VaA 未来课堂中，虚拟现实的交互设备包括输出显示设备和输入设备。一方面，输出显示设备包括视觉显示器（如终端显示器、工作台显示器、环屏显示器以及半球形显示器等）、声音显示器（耳机、外部扬声器等）以及力/触觉输出显示器，为数字孪生 VaA 未来课堂提供无障碍的、沉浸式的和逼真的视觉体验以及立体声、环绕立体声和 3D 音频等听觉盛宴。另一方面，输入设备包括离散输入设备（常见的离散界面有键盘、pinch glove 等）、连续输入设备（如三维鼠标、数据手套、深度相机、3D 摄像头等）、语音和生理信号感知设备（智能音箱、语音助手等）以及脑电波摄入设备（如意念耳机、意念头箍等）等。此外，虚拟现实中的人机交互技术体系是实现数字孪生 VaA 未来课堂的关键手段，包括三维交互技术、手势与姿势交互、手持移动设备交互、语音交互技术、力/触觉交互技术、虚拟现实中多通道交互等。

我们不妨来深入了解一下数字孪生 VaA 未来课堂中智慧党建教育活动的应用。VR 建党馆沉浸式体验活动就是"5G+VR"教学应用场景中的一个典型代表。数字孪生赋能的 VR 课堂通过优越的视觉、听觉技术等全方位立体化运用，并通过脑电波监测、语音和生理信号感知等设备对学习者进行数据收集和反馈，进而传输到数字孪生学习者中，"足不出户"但具身重温中国共产党的伟大革命斗争精神、进入线上线下融合和"24 小时营业"的党建教育展厅、身临其境地目睹抗日战争和保家卫国的艰辛、领略改革开放的巨大变迁和举世瞩目的伟大成就。上述画面真实地呈现在学习者面前，使学习者能够随时随地随心地"穿梭"到历史现场，克服了传统党建教育中党员基本情况不明确、党员教育难普及、党员组织生活难规范

---

① 张凤军、戴国忠、彭晓兰：《虚拟现实的人机交互综述》，载《中国科学：信息科学》2016 年第 12 期，第 1711–1736 页。

以及党组织服务功能难扩展等顽固问题，从而促进体验者更加深刻地学习和铭记革命历史，使党建工作逐渐趋向完善和便利、党员学习的内容趋向广泛化，进一步提高党员的素质、党性和纯洁性，为培养未来的正直党员奠定基础，以达到凝心聚力谋发展的目标。由此可见，将 VR 技术应用到数字孪生智慧党建活动中，能够有效推进党建活动形式多样化、空间多维化、管理科学化和体验真实化，开启了 VR 党建教育的新征程。

此外，数字孪生 VaA 未来课堂最核心的特性之一是具身性体验。具身性表达出思维、认知的发生不仅涉及身体构造、神经结构、感官和运动系统等的参与，还涉及身体的感受、体验、经历等经验层面的嵌入。① 由此，在整个学习过程中，学习者感知程度、体验指数不容忽视。具身认知视角下，未来课堂教学设计特性应该考虑到以下方面：理论基础与设计实践的一贯性、学习内容的情境性、学习环境的无意识性、教学目标的生成性、教学过程的动态性以及学习活动的体验性。②

过去的传统教学甚至现代教学的理论体系或多或少地存在着内容"繁、难、偏、旧"、过于注重书本的理论性知识和科目过多而缺乏整合等弊端，多为机械式学习，具有模式化和单一化等特征，严重脱离了生活实际。于学生而言，课堂知识"遥不可及"和"深不见底"，导致学生无法将课堂上所学的知识转化为解决问题的能力。换言之，知识只是单纯地储存于学生的脑海中，无法应用于实际，这种学习无疑是无意义的。

然而，数字孪生 VaA 未来课堂一方面通过虚拟现实技术和现实增强技术的有机融合和科学集成，将多种教与学活动进行有效混合，加强理论基础与设计实践的联系。值得注意的是，数字孪生 VaA 未来课堂并不是将多种教学活动进行简单的堆砌和叠加，相反，其明显突出了理论与活动的连

---

① 张良：《论具身认知理论的课程与教学意蕴》，载《全球教育展望》2013 年第 4 期，第 27-32、67 页。

② 王靖、刘志文、陈卫东：《未来课堂教学设计特性：具身认知视角》，载《现代远程教育研究》2014 年第 5 期，第 71-78 页。

贯性和统一性，有效减轻了教师不必要的教学负担和学生学习的认知负担，具有里程碑式的进步意义。另一方面通过"VR+AR"技术的同向作用，创建出一个具身性体验的课堂空间，让学生以第一视角去体验知识的原理、来历、形成过程，极大地增加了知识的趣味性、生动性和形象性。最重要的是，它使学生对于知识的理解不再是建立在"空中楼阁"之上，使原本遥不可及的理论变得唾手可得，大大增强了学生的学习体验感和所学知识的实用性、深刻性和牢固性。

首先，通过 VR 技术的多通道交互信息融合方法（如通过语音、触觉、姿势、面部神态识别等进行输入）和混合交互技术，能够使课堂环境的边界模糊，虚实环境逐渐融合，进而使学习环境具有无意识性，同时也可以将理论基础与实践活动有机结合在一起，形成一个系统性的、持续性的和连续性的学习体系。在 VR 技术支持下的未来课堂将会建立起基于教师、学生的已有知识体系、生活经验、切身感受的基础上整合出一个知识螺旋动态更新、师生友好交互的课程体系。

其次，未来课堂是一个具有开放性的生命系统。"embodiment"一词形象地揭示了身体不是孤立的，而是一种"嵌入式"与外在环境相联系的身体，即身体具有情境性。[①] 具身认知理论突出身体和真实情境对认知的重要性，同时又强调学校教育和课堂的必要性，与我国著名的现代教育家陈鹤琴的"活教育"的教育理念不谋而合。他的"活教育"课程论反对将书本作为唯一的教育教材和资源，强调要把大自然、大社会都看作"活教材"，即"直接的书"，主张学生应该从自然、社会的直接接触和亲身观察中获得总结经验和知识的能力。

同时，我们必须理性地认清一个事实——将学生时时刻刻置身于真实的自然界中进行学习是不切实际的。由此，通过数字孪生加持的 VR 技术可以实现教学目标的生成性、教学过程的动态性以及学习活动的体验性，

① 王靖、刘志文、陈卫东：《未来课堂教学设计特性：具身认知视角》，载《现代远程教育研究》2014 年第 5 期，第 71-78 页。

并重新审视了我国课堂教学方法、教学过程的现状并为其重建提供契机——课堂活动形式将发生改变，开始呈现出师生共同探讨科学文化知识、日常生活和社会生活问题，甚至双方进行倾听、合作、共享智慧的局面，充分体现了未来课堂推崇的"尊重差异性、欣赏差异性、鼓励个性化"的课堂理念。在数字孪生视域下的 VR 课堂教学情境中，师生之间将不断际遇着、探索着、创造着课堂新知识和新事件。在这个过程中，课堂内容将不断发生变革，意义将不断生成。

总之，将 VR 技术融入数字孪生未来课堂是有望将沉浸式、无边界、高保真的未来课堂经历从理论到实践的跃升和从理想变为现实的蜕变。从技术层面看，将 VR 技术融入数字孪生 VaA 未来课堂将使未来课堂的技术走在时代前列；从教学模式层面看，将 VR 技术融入数字孪生 VaA 未来课堂将为学习者打造一个先前根本无法想象和体验的教学情境，增加学习者获得直接经验的可能性和机会，丰富了未来课堂的教学模式。

（二）基于数字孪生的增强现实课堂

增强现实技术是虚拟现实技术的延伸。基于增强现实技术的数字孪生 VaA 未来课堂教学活动为参与者提供了新的交互方式和手段，同时为学习者创建了一个无限接近现实和自然的自主探索与研究的学习空间。增强现实技术在教育中的应用潜力主要体现在：抽象的学习内容可视化、形象化；支持泛在环境下的情境式学习；提升学习者的存在感、直觉和专注度；使用自然方式交互学习对象；传统学习与新型学习相结合。[①] 毫无疑问，未来课堂有了增强现实技术的加持，能够将原本抽象难懂的理论知识形象化、具体化和简便化，同时它将对教育领域具有巨大的启发意义，推动教育教学具体化发展。

增强现实技术是介于现实与虚拟之间的一种应用。根据维基百科的定

---

① 蔡苏、王沛文、杨阳：《增强现实（AR）技术的教育应用综述》，载《远程教育杂志》2016 年第 5 期，第 27-40 页。

义，增强现实技术指对以计算机产生的输入如声音、图像或 GPS 数据加强物理、真实世界构成元素的直接或间接的视觉技术。[①] 它主要强调 3D 虚拟对象与真实世界物体的合成和交互，由此增强了用户对真实的物理世界的认知、感知和体验，以及与现实世界的有机交互。增强现实技术包含在真实环境中组合真实物体和虚拟对象、实时交互、真实物体和虚拟对象互相联系三个关键属性。

此外，AR 技术包含两种但不限于两种数据：现场视频数据（通过数据采集器、传感器、穿戴式设备和摄像头等工具对现场情况进行捕捉和记录）和虚拟信息数据（主要指能够在现场视频数据的指令和反馈下，采用图像识别或定位功能和服务器运算或在数据库中进行检索）。AR 技术能够将虚拟的信息实时和自动适应地添加到现场视频中，从而实现虚拟信息的现实强化。举一个简单直观的例子，在《新闻联播》的电视直播中实时出现相应的新闻事件的关键信息，在奥运会的游泳直播比赛画面中会实时出现各个选手归属国的国旗，但这些新闻关键信息和国旗在现场并不存在，由此促进了现实世界与虚拟世界的有机融合，这就是 AR 技术的奥妙之处。

目前已开发并投入教育领域应用的 AR 工具有 Z Space、Metaio、Wikitude、ENTiTi 等。其中，Z Space 通过高速头部追踪器、虚拟现实操作笔、触屏功能等实现更加直观的操作和互动，为师生供给多样化的教学资源和素材；Metaio 能够通过摄像机、3D 空间计算和 POI 信息的集成运行以促进教学发展，如基于位置服务的 AR 课堂能够帮助学习者全面熟悉校园环境和校园精神文化。

目前，AR 在正式学习领域和非正式学习领域都已经有了一定的投入和使用。

首先，在非正式学习领域方面。目前，移动 AR 技术在图书馆中的初步投入使用的领域有两个，分别是"强化旅行"和实现定位功能。第一，

[①]　付跃安：《移动增强现实（AR）技术在图书馆中应用前景分析》，载《中国图书馆学报》2013 年第 3 期，第 34-39 页。

强化旅行能够让用户直接从图书馆的数据库中检索并提取出照片、语言、视频等参观现场的相关资料和素材，用户可以通过手机直接观看现场或景点，景点的相关信息也同步出现在电子屏幕中并随实际情况实时变动。第二，移动 AR 技术延伸的定位功能能够提高对书籍和书架高效管理的科学性和便捷性。由美国 Miami 大学计算机科学与软件工程助理教授 Bo Brinkman 及其妻子共同开发的一款移动程序——Shelvar。在此程序使用前，先把每本书籍附上独一无二的二维码标签并生成相应的书籍信息，教职工或学习者可以通过移动设备进行扫描即可在 Shelvar 的界面上显示书本的详尽信息，从而迅速找到书本所对应的位置。

同时，基于数字孪生的 VaA 未来课堂有望为图书馆提供精准的指引服务，实现图式直观的图书定位功能，提升沉浸式的优质阅读体验，开展最新的全面信息推送服务以及促进馆藏资源的先导性研发和最大化利用。

随着增强现实技术的高速发展，"AR 博物馆"也闯进了人们的视线和生活，给人们带来了新的体验方式和感官效果。AR 博物馆的有趣之处在于场馆内布满"虚拟讲解员"，随时为前来参观的游客和学习者提供全面详备的知识讲解和科普，使学习者更多地了解到每件文物的出处和当中的意蕴，有效避免了走马观花式的浏览行为。AR 可以对部分或残缺的历史展品进行修复，丰富了展出的内容和形式，它还能赋予展览对象新的生命，大大增强了展出文物的生动性和真实性。同时，AR 博物馆内还开设了很多与场馆知识、文物信息相关的小游戏，以增加来访者的趣味和互动；展馆内部也构建了智能性的导航系统，为来访者提供最便捷、准确、全面的指引。此外，来访者甚至可以在观赏展品后以弹幕评论的形式对展馆和展品发展自己的见解和点评，充分体现了 AR 展馆的多元性和开放性。

诸如此类的 AR 科技馆还包括中国科技馆里面的"天工开物"和"祖国山河"、台南大学数位学习科技学系的学者设计的"赤崁楼随境游戏活动"和台北故宫博物院的"纪念郎世宁来华 300 年"特展等。在这些项目运行的过程中，摄像头可以自动对焦学习者身处的具体内容，进而对其实行扫描和识别，形成具体文物的 3D 虚拟模型并实时呈现于显示屏上供学习者全方位地观赏，同时为学习者营造了打破时空界限、"回到过去"的具身体验，使学习者淋漓尽致地目睹当时的历史情境和文物来源，体现出文物的艺术价值和历史价值，更能深刻地了解到中国的民族区域文化。

在 AR 技术支撑下的博物馆能够将现实环境、物理物体和虚拟环境紧密地联系在一起，并将三者之间的互动同步反映到虚拟的三维空间中，为展馆带来丰富多样的表现形式，突破了传统博物馆的展陈方式和文化产品单一化、同质化、模式化的瓶颈，从而为来访者带来高关联的趣味交互体验，更能激发起学生以及社会人士对历史和科学技术的兴趣和好奇，实现了广泛传播知识和弘扬历史文化的目的，使博物馆充分发挥了至关重要的教育功能。因此，AR 博物馆创新式的展陈方式将成为博物馆自身发展的主要趋势。

其次，在正式学习领域方面。AR 技术在职业教育、教育培训等领域中具有巨大的教育潜能和广阔的应用空间，它能够为一些受到现实条件阻碍而无法进行或试错成本高、经济成本高、动作难度大、操作危险性高的培训和实验提供一个无限接近现实、突出现实的高保真的实验操作契机，帮助职业教育打破瓶颈，有力地推进其向纵深发展，培养出更多的"新工科"人才和实用型人才，并有效地提高了职业教育在教育领域的地位和受重视程度。

例如，在中等职业技术学校中的汽修专业主要课程中，AR 技术与循环屏技术的结合，使学生身临其境置身于超越现实的课堂空间中，从而更为顺利地掌握关于汽车发动机及其零部件的专业性知识，同时还能在 AR 课堂中进行相应的动手拆卸、装配、维修发动机和组成部件的初步技能，充分发挥了学生的主观能动性和创造性，深刻体现了研究性学习和自主学习的高效实施，也避免了现实实验操作的危险性，降低了资源成本和时间耗费成本。

AR 技术在创新创业教育中也有一定的应用。2014 年 9 月，时任总理李克强在夏季达沃斯论坛上发出"大众创业、万众创新"的号召。随之于2015 年 5 月，国务院颁布了《关于深化高等学校创新创业教育改革的实施意见》；2017 年，联合国大会通过决议，将每年的 4 月 21 日指定为世界创意和创新日，并呼吁各国支持大众创业、万众创新；2017 年 4 月，中共中央、国务院印发的《中长期青年发展规划（2016—2025 年）》提出，"建立健全教学与实践相融合的高校创新创业教育体系"。可见，创新创业教育在科教兴国和人才强国战略中具有一席之位——已经成为各高校关注的话题和教育改革实践工作的重点和主要方面之一，必须予以重视和不断完善与创新。而 AR 技术在创业教育中的应用无疑能够深入分析我国"双创"背景下的创业教育现状以及提供正确和科学的中国特色创业教育的发展道路。

2017 年，新华社记者分别拍下了扬州大学一支创业团队的参赛代表在2017 "创青春"江苏青年创新创业大赛上介绍大学校园互联网创客空间项目以及第十五届全国大学生机器人大赛机器人创业赛上，参赛选手在调试一款楼梯保洁机器人的画面。

可以试想，如果在这些创业教育和创业比赛项目中加入增强现实技术，教育效果会有何变化？AR 技术可以拓展实验操作的学习空间，使创业项目可视化。如将楼梯保洁机器人的设计和制造置于 AR 实验室中，通过摄像头扫描和数字技术塑造出相应地能够反映机器人各零部件和元件真实性的数字模型，并在 AR 实验室中对其进行装配、组合成一个完整的楼梯保洁机器人，并通过数字孪生多领域的综合仿真和设备的性能损耗，在物理实体机器人制造之前对其性能进行测试和评估，"对症下药"地改进设计缺陷，达到缩短设计改进周期和完善机器人的功能和运作性能的目的。

楼梯扫地机器人在数字孪生数据和 AR 技术的驱动下，通过机器人物理实体和虚拟模型的实时映射、真实互动、闭环控制，实现清洁和打理的任务组合优化、清洁路线规划、打扫过程控制等在物理世界、虚拟世界之间迭代运行，从而达到生产出一种清洁过程无缝化和智能化的新的机器人清洁模式，使创新创业教育和活动真正发挥其应有的教育作用，真正推动创新型人才的培养，创造出更多能够提升人们生活水平和品质的科技产品。

AR 技术在高校校园和学科教学课堂中也有一定的应用。北京师范大学开发了一款 AR 技术与 GPS 联动组合的校园导览应用。它基于位置服务（location based services，lBS）和 AR 程序，能够实现对校内环境的智能识别并实时展示相对应环境的活动信息和历史信息。新生入学时，可以进行线上报到、云参观校内环境、云感知和体验校园文化建设、云观看校史展览和毕业季活动，甚至还可以体验"VR+AR"新闻现场。

AR 技术在学科数学教学中的应用前景十分广阔，它可以针对不同学段和年龄段的学生打造出不同的教学模式。譬如，在学前教育阶段的教学，可以利用 AR 构建出虚拟的情境化的故事教学模式，帮助学生走进数学、了解数学、学习基本的数字和计数概念和方法。目前，马来西亚已经将 AR 技术应用于数学教学中，设计了一款"魔法之书"，大大提高了学生学习数学的积极性和主动性。小学教育阶段的教学借助 AR 技术的手段将数学内容与小游戏深度结合，使学生可以在游戏当中学习到数学知识，有效地克服了此阶段学生的抽象思维能力相对薄弱和注意力难以集中的不足，大大提高了学生的积极性和学习动机。中学教育阶段的教学通过 AR 技术的应用，将数学中的函数图像立体化、具体化、可视化地呈现。学生可以在 AR 课堂中对函数图像进行多角度、多维度的实时观察，有效促进了学生探索能力、研究能力和数学思维能力的培养。高等教育阶段的教学采用 AR 技术可以将二维图形与三维直观图形相结合，克服了传统的立体几何教学中手工制作模型的繁琐，有效提升了学生的空间思维能力、思维转换能力和几何知识水平。

此外，在语文学科中 AR 的应用能够将诗词和典故以三维立体化的形式出现在课堂上。教师可以委派学生进行角色扮演（如多人参与的仿真模拟、故事演绎等）来理解和获取新知识，赋予语文知识新的生命；在英语学科中 AR 的应用能够随时随地将 "虚拟外国教师" 请到课堂，实现与学生面对面交流，让学生无须走出国门即可享受纯正的英语教学；在地理学科中 AR 的应用一方面能够通过扫描插图和二维码等映射与反馈物理实体的模型或现象，实现对地理知识的形象化和具体化的展现，另一方面能够通过移动技术、移动装置和地理定位系统获取学生的实时地理位置信息，及时为其提供引导信息和相应的方向和路线查询；在物理学科中借助 AR 技术、头戴显示器和体感技术可以将运动学和经典力学中的内容进行可视化呈现，同时基于问题解决的教学任务与学习环境的融合，可以将在物理空间中进行的可见实验教学和难以直接观察的物质对象（如电场、磁场等）直接呈现在师生面前，使抽象晦涩的物理知识变得直观和相对易懂。

由此可以看出，VR 技术基于现实世界、孪生数据、虚拟世界的有机交互来给教育者和教育对象提供创新的呈现方式来表达知识之间的关系和联系它通过增强现实技术对物理对象进行仿真和模型构建，让学习者在真实的课堂环境中同步看到虚拟化和数字化生成的模型对象，从而为学生提供了一个无限贴近于自然、虚实友好交互、能够进行自主探索的学习空间。基于 VR 技术的数字孪生未来课堂无疑比传统课堂中单一地从书本中获得的知识更加有用和高效。同时，AR 虚拟课堂中包含了丰富多样的构建机制、实验空间和直接经验表现场所，并充分强调学生学习的主体性和控制性，把皮亚杰 "把实验室搬到课堂中去" 和建构主义学习理论中 "学习是一种真实情境的体验" 的观点进行设想和实践。

（三）基于数字孪生的 "VaA" 未来课堂

未来课堂是推崇 "以人为本" "面向未来" 进行教育理念的教学科研项目，具备一整套完善的软硬件和网络计算服务的教学系统，力求实现动态更新、友好交互、个性化教学、教学资源丰富、一键操作、技术超前和生态健康等教学效果。基于此，四川文理学院的刘勉和华东师范大学的张际平根据《教学设计原理》中的通用教学设计模型，即 ADDIE 模型：分析（analyze）、设计（design）、开发（develop）、实施（implement）、评价（evaluate），提出基于未来课堂环境的 VaA 教学设计模型。他们认为，并非所有课程都适用于 VaA 未来课堂，而是同时满足"既要掌握理论知识，更要进行实践操作"条件的课程才会用到此课堂教学模式。

值得注意的是，VaA 未来课堂是两种技术融合交互并"各司其职"地为课堂提供技术支撑。

增强现实技术应用于理论知识传授的教学环节，通过可穿戴设备进入虚拟学习空间，帮助学生进入虚拟的现实世界，在知识的海洋中尽情地遨游，促进学生科学文化知识的理论认知建构。在这种课堂模式中，每个对象和理论知识都有对应的二维码和标识，并通过循环的方式呈现在各个屏幕上，供学生深入地理解知识，学生还可以在虚拟课堂空间内进行相应的题目测试和完成作业，同时将测试结果和作业完成情况实时上传到未来课堂的后台数据库中，使教师能够实时监测和评价学生对于新知识的接受程度、理解能力和内化效果等多方面的学习效果。换言之，虚拟现实技术具有培养学生自主学习的显著优势，为学生架构出可以满足不同学生群体学习需求的不同的虚拟学习环境、丰富多样的教学资源和认知工具以及学生进行自我评价的评价系统与情境。

虚拟现实技术应用于实践操作的教学环节，通过 VR 技术打造一个 3D 可视化的虚拟现实体验区，当中包含了多种必需的虚拟现实教学设备，为学生的实验操作和实践检验提供完善的环境和条件，帮助学生强化实践认识和提升实践能力。实践教学特别突出学生的实际操作能力和动手能力，在实验过程中不断建立起自身与对象之间的认知关系，从而逐渐理解和掌握对象的本质、概念、特点等方面的知识，即从提出假设、验证假设到得到结论、归纳总结概念，都是由学生自身通过实践进行研究性学习得出，而不再是单纯地由教师的语言讲解传授来获得，充分体现了有意义学习的作用。在虚拟课堂体验区内，学生预先佩戴好相关的 VR 设备并走进事先搭建好的虚拟情境课堂，并在此课堂中进行具身实验操作，真实与实验对象进行互动，同时虚拟课堂将同步记录学生的历史操作痕迹并上传至后台数据库，从而为学生提供一个接近现实的可操作可课堂环境，为学生的实践提供一个创新的渠道。

数字孪生 VaA 未来课堂能够开设"VR+AR"沉浸式学习体验区，呈现出更为理想化的空间架构，涵盖多通道畅通、多屏联动展示、泛在网络和实时感知等多方先进技术，以形成更符合未来需求和更适用于课程的教学模式，将循环多屏和 PAD 端屏幕融入 AR 课堂，大大增强了学生真实操纵物体的体验感，满足了教育对象的新奇学习体验和个性需求。

总体而言，基于数字孪生的未来课堂有望做到突出学习者的主体性，充分考虑学习者的个体学习、智力水平、接受能力，促进学生的个性化学习；充分关注学生的个体差异性，根据学生的个性特征、学习速度等为学生提供相应的教学资源和教学策略；充分强调学生的社会化学习，培养学生的科学精神、人文精神和创新意识与能力；充分突出课堂的开放性，包括学生思维空间的开放，学生可以大胆质疑教师对于知识的见解并发表自己的看法，也包括课堂教室空间的开放，在线教室、远程教室、生活场景等都可以作为未来课堂的具体形式。

第四章

数字孪生与教育主体的重塑

数字孪生技术在教育中的应用，不仅引发了教育的变革，而且也成为教育主体的重塑力量。教师角色向教学设计者、合作学习者以及智能协同应用者转变，传统教师的职业角色受到了强烈的冲击。相应地，数字孪生技术赋能新时代的教师教学，使教学模式、能力和专业发展都产生变革，对教师素养也提出了新的要求。

一、数字孪生驱动下教师角色的重塑

教师角色指社会对教师职能和地位的期望和要求，是教师身份的集中表现。由于教师的劳动具有复杂性、创造性、长期性和示范性等特征，这意味着教师角色的扮演具有多重属性。教师是教育活动开展的设计者、实施者和组织者，对整个教育活动起领导作用，亦是影响教育成效的关键主体。

教师角色的定位与时代息息相关。从深层意义上讲，教师角色是社会赋予的，是社会的期望和要求在教师身份中的再现。既然如此，一个良好的教师角色势必与整体的教育大环境相互融合，与学生的发展休戚相关。因此，对教师角色的优良评判，需要放在特定的历史环境中去衡量。[①] 教育是国之大计、党之大计，教师是立教之本、兴教之源。党的十八大以

---

① 刁生富、吴选红：《重塑：人工智能与教育的未来》，北京邮电大学出版社 2020 年版，第 59 页。

来，习近平总书记始终高度重视教师队伍建设，在不同场合多次强调教育事业的重要意义，对广大教师提出殷切期望。因此，培养社会主义建设者和接班人，迫切需要我们的教师既精通专业知识做好"经师"，又涵养德行成为"人师"。无论是传统还是现在，人们最初接受的"传道授业解惑"直到现在仍然具有时代价值，而随着时代的不断发展，其被赋予新的要求。

数字孪生在教育中的应用，使教育环境发生了变化，虚实环境融合成为新态势：从线下实体课堂到线上虚拟学习空间；教育范围向无边界延伸，由传统教育设定的各种边界到学习者的自主学习和探究式学习；教育管理向科学化、人本化突破；评价方式也有了巨大的变化，技术支持的多维度教学评价、数字孪生技术的多元化评价模式成为主流。所有这些变革，都与教师这一角色密不可分。数字孪生技术赋能教师教学，重塑着教师的角色。教师素养对上述方面的实施具有重要的影响和作用，而这些方面的变革也对教师的素养提出了新的要求。因此，数智融合驱动下数字孪生的教育应用，也需进一步聚焦于教育者本身。可以说，在数字孪生时代，作为"智能移民"的教师们正经历着学科知识与智能化、信息化、数字化的深度整合，其所具有的角色也正在发生转变。

（一）由知识的权威者转变为学习活动的设计者

在传统教学模式中，以赫尔巴特为代表的传统教育理论提倡专制主义的教师权威观，即教师处于中心信息源地位，对知识拥有绝对的掌控权，是学生接受知识的唯一来源，控制教育教学的全过程，也是课堂教学的"统治者"，而学生则处于被动接受地位。因此，教师通常被认为是知识的权威者，学生获取知识的途径非常单一，这就使教师这个角色被过度"神化"。在"互联网+"时代，信息传输的双向性、知识经验的共享性，都在弱化教师的权威性，而数字孪生技术实现了未来教育教学组织方式虚实共生、教学范围无边界延伸等，有效避免了传统教育中"教师绝对权威"的问题。从获取知识的方式上看，纸媒体时代，学生主要从纸书和教师那里获取知识，深奥的理论、精致化的语言需要教师的阐释，教师知识权威自然至高无上；电子媒体时代，电子传播打破了仅从纸书和教师那里获取知识的通道，但单向传输的局限使教师知识权威依然居高。[1] 而"互联网+"时代，数字技术的发展丰富了学生获取信息的方式和手段，资源和信息来源不再限制于教师，网络也成为一项重要来源，如学生可以通过百度文库、知网查阅相关资讯。

各类日渐完善的学习资源平台，电子阅读、在线学习等方式日渐普及，学生利用互联网技术进行社会化交互和专业交流越来越方便、快捷，学生从中可快速获取自己所需的资源与信息，教师知识的权威性正在逐渐被打破。此外，在课程教学过程中，传统的教学模式往往给教师的课堂设计带来极大的阻碍。一是教学目标的划一性，即教师对存在差异的教育对象实施统一教学目标，漠视学生的个性发展与个体需求。例如，教师无论是面对优等生还是后进生时，仍运用"一刀切""一锅煮"的方式，忽视学生的发展需求。二是学生课堂自主活动整体缺失，即教师在学习活动中居于主导地位，学生在课堂中难以培养发散性思维能力，表现在学习内容的强制性、认知活动的局限性、思维过程的依赖性以及课堂交往的单向性。三是学生学习方式为接受学习，普遍缺失体验性学习方式和研究性学习方式。只有首先认识到这种模式的弊端并予以克服，才有利于教师在课堂教学理念实现突破性的进展。

美国课程学家威廉姆·E.多尔（William E. Doll）认为，在现代课程中，教师是"平等中的首席"。作为"平等中的首席"，教师要成为学生学习活动的设计者、组织者、指导者。基于数字孪生的教学智能控制彻底改变了传统模式下教学过程的"黑箱"状态，实现了整个教学过程可视化的效果。教学控制是指教师为保证教学质量及实现教学目标，在教学的全过

---

① 邢思珍：《"互联网+"时代教师教育权威的挑战与重塑》，载《教育理论与实践》2020年第23期，第34-36页。

程中对学生进行积极主动的设计、检查、评价、反馈和调节的过程，是整个教学环节最重要的一环，控制策略正确与否，直接影响学生学习的效果。而这一过程则基于数字孪生对教学全过程进行一体化的设计、控制和优化。在学生数字孪生体数据采集完成之后，通过建模技术形成对应学生的数字孪生模型，教师根据模型进行教学活动设计，并根据结果对学生的学习行为展开预测。利用学生的前序数据效果和在教学过程中发生双向虚实映射，教师可根据实际情况进行教学调整。

数字孪生下的教学模式，摆脱了传统教育中依据教师的主观经验、学生的测试结果以及课堂表现、教材内容等因素来设计教学，避免了教师对学生学情模糊的、不准确的分析，在很大程度上改进传统教育中不合时宜的方面，扫清教师在教学过程中遇到的障碍。

总的来说，无论是教师权威观还是教师单一灌输的教学模式，这些都进一步说明传统教师角色与时代脱节严重。在数字孪生时代，教师角色的丰富和发展，对树立新的"教师权威"、成为"平等中的首席"和改进教学模式以及促进学生全面发展都具有重要意义。雅斯贝尔斯认为权威有两种：一种是内在权威，另一种是外在权威。内在权威主要来自人格和精神的力量，而外在权威主要依赖强权。[①] 基于数字孪生技术，教师从知识的权威者转变为学习活动的设计者，在这个转变过程中，教师权威由"外在权威"向"内在权威"的转化。教师不再过度关注知识本身，而是从"以人为本"的教学活动中，以培养学生的学科素养表征教师的权威，从而打破了传统教育学生对教师的依赖。

（二）由知识的教授者转变为合作学习者

传统课堂教学是一种以教师为中心、以书本为中心和以课堂为中心的教学模式，教师和教材是学生唯一的信息源，学生无条件地接受教师的一

---

① 转引自任民、李迎春《半部〈论语〉做良师：〈论语〉给教师的启示》，中国轻工业出版社 2014 年版，第 195 页。

切灌输，"你讲我听，你问我答"的模式缺乏师生互动，更缺乏生生互动。在这种模式下，教师在课堂中似乎对教学发挥了主导作用，其实不然。叶圣陶先生说过，"所谓教师的主导作用，意在善于引导启迪，使学生自食其力，非所谓教师滔滔讲话，学生默默聆听"。

在人工智能时代，教师的"园丁""工程师""蜡烛"等角色形象逐渐蜕变，教师角色逐渐开始出现一种新的回归——从"圣人"向"平凡人"的回归。在这种状态下，教师与学生平等关系得以有效建立。著名教育家陶行知提出"创造力量最能发挥条件的是民主"。在长期的教学实践中，我们可以深切地感受到，只有树立民主作风，在教学中创建和谐、民主、平等的师生关系，才能真正形成良好的教学氛围，使学生的人格和创新思维得到良好的发展，从而达到教书育人的目的。在传统教师单向讲授式的教学情景中，由于知识爆炸性增长，教学任务的流动性增强，师生之间存在的"一对多"的关系，间接加重了教师的教学负担。实际上，在新时代探索新知识，教师个人的力量必然无法与学生群体的集体相比较。所以，在数智融合时代，为了最大限度地实现教育目的，教师必须将自己融入学生群体当中，与学生一起共同学习，了解学生的需求，掌握学生的特点，与学生一起建构新的认知。

基于数字孪生模型的学情预测，教师能够全面感知学生的状态，获得学生学习情况的真实反馈，这彻底改变了传统模式下教师"填鸭式"教学状态，达到在整个教学过程中师生友好互动的效果。传统的课堂授课过程是由任课教师进行管理，在教学活动中学生可能会发生各种问题，例如学生没听懂、跟不上教学内容等，这些问题该如何预防和解决，如何分析学生的学习情况，这些都是由教师凭主观经验做人工决策的。通过把数字孪生技术运用到教学中，我们可以充分利用其仿真关键技术，在建模正确且感知数据完整的前提下，利用仿真基本正确地反映学生的学习状态。换句话说，就是利用数字孪生仿真能力，模拟学生从课前自学、课中学习，到课后复习的全过程，形成优化的仿真结果，指导教师从多个维度、多个视角了解学生的学习全过程。[①] 教师根据仿真结果发现在适合学生的学习方式、教学过程中可能会出现的问题以及适合的学习资源等，从而优化学生的学习路线，达到学习过程无缝化和智能化的效果。数字孪生技术的应用，使课堂变得更加有智慧。通过在原始课堂中加入教师、学生与教学媒介之间的多维互动，实现了从传统教师单一教授模式到即时交互模式的转变，完全改变了师生的互动模式。比如，依赖与体感交互的 3D、AR 增强现实等技术的"沉浸式体验"教育，可以将传统教育方式无法直接感知、体验、实践的课程知识，通过接近真实的虚拟场景呈现出来，充分激发学生的学习兴趣。

总之，数字孪生以其建模、数据采集与实体模型融合的状态评估等关键技术为未来教育打造了一个师生实时交互性以及沉浸式的学习课堂，使教师从知识的传授者转变为合作学习者。

（三）由多媒体设备单纯使用者转变为智能协同应用者

在现代教育中，黑板教学是传统教学中必不可少的教学工具，被用于显示教学内容和组织教学活动，在教学中起着至关重要的作用。随着科技的发展，多媒体技术走进大中小学校，计算机、投影仪、电子白板等多媒体工具愈来愈成为课堂教学中不可或缺的设备。其原理是通过嵌入式软件和通信技术，将电子屏幕连接到微机和投影仪，构成一个交互式协作的教学环境。它能将电脑中的文件内容投影到屏板展示区，同时教师可以用白板笔代替鼠标控制电脑，并利用白板笔直接对平板上的内容进行标注、修改、擦除、保存等操作，具有很强的可操作性和交互性。

然而，这些设备在操作和功能上的不足也日益明显，主要表现在：教学复杂化，多媒体设备没有将教师从可见编辑、制作、操作中解放出来；教学效果差强人意。由此，智能协同教学呈现方式无疑成为未来的发展

---

① 陈秀寓：《基于数字孪生的混合教学模式改革研究》，载《软件工程》2020 年第 6 期，第49-51 页。

趋势。

随着教育部《教育信息化 2.0 行动计划》的不断推进，以云计算、大数据、物联网、移动计算等新技术为核心的智慧教育解决方案也走进了越来越多的校园。"互联网+"时代的到来颠覆性地变革了传统教学，丰富多样的交互式教学设备已经成为很多教师日常授课的必需品，使得课堂更高效的同时又充满了科技魅力。

数字孪生技术加入教学过程，将学生学习实时数据和相关联课程数据作为输入项，学生学习结果作为输出项，对数字模型进行反复迭代，由此促使模型不断优化。教师数字孪生体能够根据传感器所汇集的数据和数字模型预测结果，准确把握学生个体的认知特征和班级群体的共性问题。利用认知诊断模型，精准了解学生的认知情况和学习掌握情况，对不同学生个体在学习过程中可能出现的问题进行有效干预。此外，教师数字孪生体利用数字孪生自我优化的特征，根据学习者的学习行为、学习状态和学习绩效等持续改进学习辅助算法、学习资源智能化推送以及学习引导策略等。

这种"双师"共教的课堂，大大节省了教师的时间和精力，给教师以更多从事探索性教学工作的时间和空间。首先，在物理世界与虚拟信息世界交互产生的新空间，受教育者的任务单式的学习、团队项目式的学习、多学科的交叉学习等都能变得更加便捷。其次，在"双师"空间范畴下，除了师生关系，还存在教师与教师孪生体的关系。教师数字孪生体将部分扮演以往教师的角色，如承担自动出题与批阅、学习障碍诊断与及时反馈、问题解决能力测评、学生心理素质测评与改进等功能。最后，丰富了学生的未来学习方式。学生除了和教师进行教与学的互动外，更多的是在虚拟空间中学习和提高认知。比如学生在智能学习伴侣、个性化智能教学机器的陪伴下完成自主学习。

教师与教师数字孪生体，即孪生技术间的双向协作。教师监督孪生助教，降低智能技术的不良影响，孪生助教则为教师、学生提供精准的教与学分析数据。这样，教师从多媒体设备单纯使用者转变为智能协同应用者，强调人类智能与机器智能的协同共进。这是未来数字孪生技术推动课堂教学发展的一个趋势。

二、数字孪生赋能下教师教学的重塑

赋能（empowerment），顾名思义就是赋予能力、给予能量，换句话说，也就是"你不能，但我可以让你能"。它最初源于管理学，和授权联系一起使用，意在通过分权使其他成员有额外权力，从而达成自己理想的目标。因此，授权赋能就是授予别人更多权力，使其拥有更多的自主性和更大的做事空间。赋能被广泛应用于管理、商业等领域。近年来，新一代信息技术广泛应用于各行各业，在各个领域产生了颠覆性的影响，其应用甚至重塑了某些行业生态，而相关技术也在教育领域被投入使用。

2022年初，全国教育工作会议明确实施国家教育数字化战略行动，教育领域的数字化转型升级改革逐渐步入快车道。而数字孪生作为近些年备受产业界与学界关注的新兴概念，将成为未来教育方式变革的重要技术之一。教师作为教育的第一次资源，是重大教育实践变革的核心力量。因此，数字孪生在教育中的应用首先体现在数字孪生为教师教学赋能。

数字孪生赋能教师是指在"虚实映射"学习环境下，数字孪生技术与教育教学深度融合，推动教学模式、教学方法、师生关系和教师专业化发展等方面的深刻变革，为教育创新和课堂教学改革赋能加力的过程。在教学设计阶段，数字孪生技术构建的教师数字孪生体通过虚拟模型来选择最优化的教学设计方案；在教学实施阶段，教师能够通过虚实映射，根据传感器和各种数据收集设备所汇集的数据，实现对教学全过程的掌控、对实际教学效果进行评价并决定教学实施的方法；在学生课下学习阶段，通过对学生状态全面感知，教师可以得知学生状态的真实反馈，并借助数字孪生技术，达到最有效的教学效果。

（一）技术层面：构建"人—技"具身协作的高效教学

人与技术的关系是技术哲学中的基本问题。技术哲学认为，人与技术的关系并非二元对立的存在，而是双向交互影响的，即主体对客体的占有或支配关系，或者客体对主体的威胁或奴役关系。技术不仅是一种人工物，而且也是被人使用和传播的，所以不存在与人分离的技术。对技术的理解要将其放到人与技术的关系中来看待。

就教育而言，技术不是替代教师的角色，而是一种与教师构成协同合作的关系。技术先是以外来者的身份独立于教学之外，而后在教师的应用中逐渐被加入教学过程中，最终演变成与教师高度契合的具身状态。在这一过程中，教师与技术的关系经历了他者、工具、自我三个阶段。

第一个阶段技术即他者，意在如何使用技术。教师一开始接触技术时需要投入大量精力，陌生的事物打破了教师原本的教学模式的平衡，使教师对技术产生疏离感，将其视为完全独立的认知对象，此时技术的独立性就被放大了。在这个阶段中，教师的焦点都放在如何使用技术上，不仅需要对技术进行多层次、多维度的了解，也需要思考其在课堂中的用处以及可能会产生的影响。此时，教师消耗大量的认知情绪力，本想利用技术来协助教学，却被困在其中。在这一层面，技术是他者，与我无关。教师对技术的态度处于观望阶段，但该阶段的特点具有暂时性，随着教师对技术的熟知，很快就能进入第二阶段。

第二个阶段技术即工具，意在如何用好工具。技术在无生命特征的基础上不知疲惫地劳作，分担教师重复性的工作压力，在较低智能任务中协助教师开展工作，将教师从机械性工作中解放出来。因此，教师不再满足于"如何使用技术"，而更倾向于探索"如何用好技术"。例如，基于人工智能技术开发的 AI 教师，教师将 AI 教师作为辅助工具来分担自己烦琐的工作任务。此外，教师还可以通过人工智能助教系统来扩充工作容量，更新知识体系，从而把更多的时间和精力放在更有价值、更有创造性的教育问题上。因此，当教师掌握了技术的特性和方法，并使用它来为自己服务时，二者就逐渐演变成了使用者和被使用者的关系，但这个阶段还未实现人与技术的真正融合。

第三个阶段技术即自我，意在实现人技合一。在这个阶段，技术达到了预期的使用效果，教师能像支配自己的身体一样自如地使用。在这个阶段，技术真正成了教师身体的一部分延伸，二者便形成了具身关系。[①] 在这种具身关系中，教师几乎感受不到技术物的存在或不认为技术物是外在工具，其在教师的经验中变得准透明（quasi-transparent）。[②]

当教师应用数字孪生技术进行教学时，如虚拟映射技术、增强现实技术和混合教学技术，它们通过将虚拟空间和现实世界结合，给人们带来一种超真实的体验模式。教师在使用技术时，能够体会到技术在无意识之中渗透到自己身体中，即透明感。教师通过数字孪生技术放大了自己的感官知觉，能够得心应手地使用技术进行教学，此时的教师便与技术融合为一个整体，达到了教学的最佳状态。因此，在具身关系下，教师将技术应用于教学的最高境界是"人技合一"。

当数字孪生技术不再作为教师"如何使用技术"的焦点，而是退到幕后成为一种技术环境去转化教师经验的结构时，此时的"不在场"技术的显现使教师身处泛在智慧（ubiquitous intelligence）的学习空间中。[③] 在这种关系中，数字孪生并没有被直接赋予能够应用于教学的教育功能，而是构建出一个场域，因而不会引起师生的特别关注。例如，通过传感器和各种数据收集设备汇集学生人体生理数据和环境数据，创造"虚拟教育空间"的场域，教师在此场域中化身为"教师孪生体"，在"虚拟课堂"中进行高仿真模拟教学，在无限接近"真实"的体验中展开交互。

---

① 张珊：《智能时代的教师角色与素养——基于具身认知理论视角》，载《中国德育》2021年第4期，第36-40页。

② IHDE D. Postphenomenology and techno-science：the Peking University lectures. Albany, NY：Suny Press, 2009：42.

③ 韦妙、何舟洋：《技术现象学视域下人工智能对教师角色的重塑》，载《电化教育研究》2020年第9期，第108-114页。

智能时代并非用新机器、新技术取代教师，而是重新定位人与机器、人与技术的关系，构建教育教学的新生态。在新的"数字孪生+教学"的发展机遇中，教师应因地制宜地探索"人—技"耦合的最佳方式，借助技术减少自己大量的重复性工作，在提高工作效率的同时实现人类智慧与机器智能的全面整合和分工合作。面对随机动态、无法预设的教学情境，教师以自己的智慧、能力和个性作为填充技术的框架，将教学行为根植于自己的理想信念、灵感创造中，引导学生探索知识，在"人技合一"的状态下发挥协同作用，从而构建"人—技"具身协作的高效教学。

（二）结构层面：变革教师传统的教学模式

教学模式是依据一定的教学思想与教学理论，利用学习环境、学习资源和学习工具，确定教与学活动中各个要素之间的稳定关系，设计教与学活动开展的进程，最终形成稳定的教学活动程序或者范型。当代的教学模式，既可以采用传统的面对面的口头传授模式，教师在讲台上传递课本知识，学生在课堂之外阅读、写作、思考，然后与教师在课堂上进行互动，也可以采用在线教学模式，学生在线上进行学习，然后在线与老师进行交流互动。随着教育技术发展，在教学中第三种教学模式已经出现：在线教学和传统面对面教学的优势有机结合起来的一种"线上+线下"的混合式教学模式。

"传统面对面教学"目前在我国仍然是最主要的教学形式，即课堂教学主要是用粉笔在黑板上演示的形式，特别是教师通过讲授、板书及教学挂图、模具等的辅助，把教学内容传递给学生。毋庸置疑，"面对面教学"作为传统的教学形式，自然有其合理性。但是，在"互联网+"时代，学校传统的面对面单向传输式现场教学模式已经不能满足生长于"数字地球"上的学生的需求。而在线教学作为一种新型的教学模式，给传统教学模式带来了一定的冲击，但也给未来的教育教学模式提供了更多的选择和机遇，混合式教学模式便是其一。

从教学模式上看，尽管混合式教学试图通过线上学习及线下学习来解决教学效率低下的问题，但线上和线下的学习方式容易导致学习环境、学习活动、教学内容等方面的割裂，使得学习者难以在课堂中进行真实学习环境的实践操作、难以在课堂中对学习进行实时探究。简言之，目前的混合式教学难以有效满足处于不同时空学习者的实时学习需求。

令人庆幸的是，具有实时交互、虚实共生和高保真性等特征的数字孪生技术，可用于创建数字孪生驱动的协同探究混合教学模式，从而有望实现线上和线下的学习在确保一致性和等同性前提下的相互连接和融通，为未来教学方式的转变提供重要的技术支持。基于数字孪生技术构建了"数字孪生驱动的协同探究混合教学模式"，如图4-1所示。

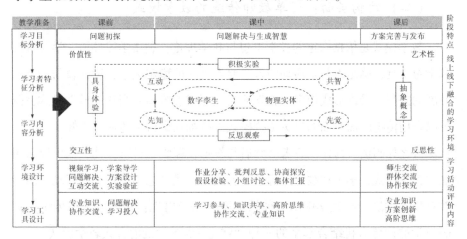

图4-1　数字孪生驱动的协同探究混合教学模式

（资料来源，李海峰、王炜：《数字孪生驱动的协同探究混合教学模式》，载《高等工程教育研究》2021年第5期，第194-200页。）

协同探究混合教学模式从课前、课中和课后三个阶段构建了以数字孪生和物理实体为基础的协同探究学习模式。协同探究混合教学模式形成了四个维度和四个层次的教与学事件、活动序列和评价内容矩阵，详细地展示了教学模式的基本内容。[①]

[①] 李海峰、王炜：《数字孪生驱动的协同探究混合教学模式》，载《高等工程教育研究》2021年第5期，第194-200页。

首先，问题探究是课前学习活动的重要特征。教师在数字孪生学习空间中发布导学案和任务单，学生通过视频学习、学案导学、问题解决、方案设计、互动交流和实验验证等来进行自主探究和协作交流。在这个过程中，学习者利用数字孪生学习空间开展模拟探索和实践探索，学习者个体和群体间形成了一个协作探究学习共同体，实现了问题解决方案的优化。利用数字孪生系统检测专业知识的掌握情况、系统记录学生的成绩并推送给教师，教师从中去凝练教学内容。

其次，在课中阶段以问题解决为基本导向设计并开展活动，教师在课中利用数字孪生学习空间中保留的课前实验数据以及行为记录等信息，主要围绕课前学生遇到的问题、困惑或者新发现等进行深度探究活动，包括作业分享、批判反思、协商探究、假设检验、小组讨论和集体汇报等，旨在进一步促进学习者高阶思维能力的培养。学习者利用数字孪生学习空间展示解决方案的设计过程及最终效果，并在此基础上进行探究讨论，随后教师提出建议进行方案优化。

最后，课后阶段的活动是对问题解决方案的完善与发布，主要是在物理学习空间中完成，通过师生交流和群体交流对存在的问题进行进一步探究，学习者再次利用数字孪生学习空间与物理空间相结合的方式进行实践操作和假设验证等活动。学习者完善问题解决方案后，需要将解决方案和作品上传至数字孪生学习空间的展示平台，并通过自我评价、相互评价以及第三方评价的方式实现自我反思学习。参与评价者可以通过数字孪生学习空间共同检验作品或解决方案的有效性。此外，在对作品质量进行评价前，教师需要就作品特征、艺术设计及创新程度等设计评价指标分配权重。①

在基于数字孪生驱动的协同探究混合式教学中，变革传统的教学模式，虽表面上淡化了教师的"教"，强化了学生的"学"，但实际上要求教

---

① 李海峰、王炜：《数字孪生智慧学习空间：内涵、模型及策略》，载《现代远程教育研究》2021年第3期，第73—80、90页。

师朝着课程的设计者、讨论的引导者、课堂的组织者去转变。可见，数字孪生技术与课堂教学的深度融合，加快了教师角色的转变。

（三）主体层面：促进教师的专业化发展

尼古拉斯·尼葛洛庞帝（N. Negroponte）在其所著述的《数字化生存》中说，计算不再只和计算机有关，它决定我们的生存。① 数字孪生技术不仅被应用在工业领域，而且在教育领域的应用或变革也会更加深入，同时也在变革教育系统的生态模式。教育生态的变革，直接触发了"谁来教""怎么教""教什么"等的问题。如果未来的教师不能很好地认同和运用数字孪生技术，就很有可能沦为技术的"奴役"，甚至会影响自身的专业发展。

"谁来教"是指在教学过程中居于主导地位的教育角色。角色发生偏移时，各要素之间的平衡就被打破了，需要寻求新的定位。数字孪生技术凭借其全周期、全要素、全空间、全数据的四个特点，实现了在真实环境与虚拟环境的深度融合，具备提升学习的全程适应能力、教学组织能力、扰动响应能力和异常解决能力，革新数字化学习思维和价值观念等方面的显著优势，② 为教师的专业发展提供了更多的可能。但是，若教师在教学过程中盲目追求和过度依赖技术，则容易形成课堂教学中"技术崇拜"的现实症候，③ 逐渐摒弃自身教学的主观能动性及专业敏感度，使本应为教师服务的技术作为工具性存在凌驾于教师之上。当然，课堂教学中对技术崇拜的反思并不是完全抵制智能技术。数字孪生技术基于采集的教师专业发展的过程、效果等数据进行精准化分析，实现对教师专业发展规律的可视化呈现，协助教师对专业化发展影响因素有全面的认识，避免被标准

---

① ［美］尼葛洛庞帝：《数字化生存》，胡泳、范海燕译，海南出版社 1997 年版，第 3-4 页。
② 张枝实：《数字孪生技术的教育应用研究》，载《成人教育》2021 年第 5 期，第 27-32 页。
③ 孙艳秋：《课堂教学中的"技术崇拜"：症候、成因与治理》，载《电化教育研究》2018 年第 7 期，第 77-82、90 页。

化、齐一化、形式化的技术所支配，使教师更好地确立自身在专业发展中的角色和定位。

"怎么教"是指在教学过程中使用的学习方式。教师通过数字孪生创建的虚拟共生、实时交互及高仿真可视化的教育场域，采集重组各种资源和数据，依赖数据库的不断更新、算法的不断迭代升级，以满足其专业发展和教育教学能力提升的现实诉求。然而这种能力的获得仅仅依赖于技术的可视化和数据化所达成的，教师自然沦为有算法可循、可以计算的"量化物"，学生也变成了教师可以量化的数据或模型，师生之间的教与学的关系沦为了直观的数据化结构。① 师生关系在被量化、数据化情况下，容易造成情感的流失。智能技术越强大，教师就越不应该只用技术来认识学生，要把数据分析作为辅助教师教学的工具，而不是通过数据分析直接与学生交互。在接收技术分析数据的同时，教师要真切地体会学生的情感状态以进行情感健康教育。因此，在构建虚拟的学习空间中，通过强大的数据和算法，了解不同教育方式背后的价值和意义，教师再以共情能力、洞察力等用心地倾听和感受学生，从而有效地挖掘在教师专业发展中的情感资源。

"教什么"是指在教学过程中所择取的学习内容。在人工智能的影响下，人类的知识生产加剧变化，知识增量呈现指数级态势。在智能时代的精准"投喂"下，学生通过机器瞬间就能获得想要的资源或信息，教师向学生单一输出课本知识的角色必然将重新定义。师生获取知识的方式和手段日新月异，不再受学习场域、空间和资源的限制，而师生对知识的要求也会越来越高。教育的传承性发展将不再局限于知识的传授与继承，而强调知识创造和创新，那么教师"教什么"成为其专业发展的时代难题。因此，教师的知识体系必须变革，迈向更深层次去服务自身与学生。首先，要对知识进行重新设计、开发，突破传统教材的局限，创建数字化、开放

---

① 戴云、杨绪辉：《人工智能时代教师专业成长的路径探究——基于人机协同智能视角》，载《教育理论与实践》2022 年第 30 期，第 53-57 页。

性的教学资源，教师在获取学习内容过程中要注意对内容进行甄别、评估和整合，推进自身专业知识向个性化发展。其次，通过数字孪生技术来了解专业核心知识的科学能力水平，教师通过有效筛选和利用海量的教学资源和培训途径来提升自身的教学科研水平。思维方式、科研能力和想象力的培育成为未来教师专业发展的关键，知识传授将实现由灌输式向理解、唤醒和调用的转向。

2018 年 1 月，中共中央、国务院颁布了《关于全面深化新时代教师队伍建设改革的意见》，这是新中国成立以来出台的第一份专门面向教师队伍建设的政策文件。2019 年 3 月，中共中央、国务院印发的《中国教育现代化 2035》提出了建设高素质专业化创新型教师队伍战略。可以预见，在国家政策的持续引导下，教师专业化发展是未来大势所趋。而数字孪生在教师专业发展中，协助教师更好地确立自身在专业发展中的角色，有效挖掘教师专业发展中的情感资源并协助教师进行认知升级。因此，教师要正确看待数字孪生技术，以技术为引导，注重自身在实践中向专业化发展。

（四）伦理层面：打破师生之间的代际鸿沟

互联网时代生成了两种身份的网民——"网络原住民"与"网络移民"。顾名思义，网络原住民，指自出生起就生活在网络高度普及的世界中的一代人。他们基本上是 20 世纪 90 年代以后的人。对于他们而言，网络就是他们的生活，数字化生存在数字化的生存活动空间里，人们运用数字技术（信息技术）顺利地进行信息传播、交流、学习、工作等活动所需要的个性心理特征。"网络移民"就是原来生活在没有网络的时代，而后随着互联网的普及才搬进网络时代的这一部分人，通常是指 20 世纪 90 年代或之前的人。此时的师生代际关系模式，就是将师生之间的伦理关系视为不同时代人的辈分关系的关系模式。

随着互联网、大数据和人工智能的快速发展和广泛应用，由于人们对智能技术的认知水平、适应能力以及应用能力等方面的差异，在技术层面将社会群体划分为两种身份："智能原住民"和"智能移民"。

"智能原住民"指的是在人工智能技术和智能化环境下成长的原生代公民。换句话说，他们好像生下来就会玩智能手机，所有智能产品无师自通，智能化生存是他们从小就开始的生存方式。而"智能移民"一般是指在面对智能科技、智能文化时，必须经历并不顺畅且较为艰难的学习过程。他们的生活经历了智能技术从无到有的过程，俨然是从"无人工智能的世界"迁入"有人工智能的世界"。所以，当我们在抱怨年轻一代沉溺网络、迷恋手机的时候，是否想过，如何让年轻一代在智能时代更好地生存与发展？

众所周知，人类并不是一开始就有阅读这一活动的，在人类发展的漫长历程中，大多数时候是没有文字、书本和阅读活动的。人类用了数十万年的时间，才进化到拥有说、读、记的简单能力，而真正拥有复杂的阅读、写作能力，时间则更长。也就是说，人类"原装"的大脑最初是没有阅读装置的，人的大脑是随着人们认识世界、改造世界的能力的发展而逐步发展的。这也同时意味着，随着人类阅读实践的不断深入、阅读载体与阅读方式的不断变化，人的大脑会不断进化。

正如美国学者艾莉森·高普尼克（Alison Gopnik）所说："我们这一代人在童年运用开放和灵活的大脑掌握了阅读技能，而现在出生的这一代将会沉浸在数码世界里，不知不觉地适应它。这一代人才是数码原生代，而我们只能算是数码时代的移民，还带着磕磕碰碰的口音。"[1] 因此，正像文字和阅读对我们很久以前的前辈那样进行大脑的重新"装置"一样，我们正在见证智能社会对下一代新生儿大脑的重塑。

所以，我们不应该一味地批评下一代沉溺在电脑、互联网和智能产品之中，而是为了这一次大脑的"重塑"，减轻过程中的阵痛，提高重塑中的品质。现如今，在教育阶段，教师与学生的关系正好映射了智能移民与

---

[1] ［美］艾莉森·高普尼克：《园丁与木匠》，载《小康》2019 年第 24 期，第 228 页。

智能原住民的关系，因此教师与学生之间的代际鸿沟是客观存在的。这种鸿沟在本质上反映的是传统教育与现代教育的冲突。由此可见，在智能时代，教师需要打破这种鸿沟，即将师生代际向师生朋友关系模式转变，更加关注学生的主体地位，满足当代学生的教育需求。

数字孪生技术的出现，使师生的学习环境有了重构的可能性，也加快打破了师生之间的代际鸿沟关系。首先，教育专家等名师能够建立教师数字孪生体，与远程端学习者进行多场景学习互动，大幅提高远程学习的体验。[①] 其次，应打破物理空间教学过程的时空限制，围绕个体需求来构建个人化的网络环境，促进学习者与各类教师数字孪生体进行连接，利用交互设备来拓展师生互动的范围和质量。最后，针对学习者个性偏好进行动态数据拟像分析，可帮助教师获得更符合学生的学习路径、方法，优化教学过程。

技术变革及其带来的文化、教育的变革，有时会远远超出我们的想象。对于智能原生代而言，这个世界是属于他们的。教师作为"移民"来到了智能化时代，其实是来到了智能原生代的"星球"，因此教师必须不断学习现代科学技术知识，尤其是包括数字孪生在内的新一代信息技术和新一代人工智能技术，更新自己不合时代的观念，才能够适应属于智能原生代的世界。

三、数字孪生时代教师素养的重塑

教师是人类灵魂的工程师，是人类文明的传承者，承载着传播知识、传播思想、传播真理，塑造灵魂、塑造生命、塑造新人的时代重任。《中共中央 国务院关于全面深化新时代教师队伍建设改革的意见》提出要求：优化教师知识结构，全面提升教师专业素质与能力，以适应新时代的人才

---

① 褚乐阳、陈卫东、谭悦等：《虚实共生：数字孪生（DT）技术及其教育应用前瞻——兼论泛在智慧学习空间的重构》，载《远程教育杂志》2019年第5期，第3—12页。

培养需求。《教育部关于实施第二批人工智能助推教师队伍建设行动试点工作的通知》也强调，要深入推进人工智能、大数据、5G 等新技术与教师队伍建设的融合，提升教师智能教育素养。人工智能、大数据、虚拟现实、数字孪生等智能技术与教育融合共生，增加了教师知识结构的丰富性与复杂性。教师作为挖掘教育技术潜能的关键力量，其综合素质的提高有助于提升教育质量，尤其能提升教师的知识结构、教学能力以及教学工具的熟练程度。

（一）教师的知识结构

教师拥有什么样的知识在某种程度上决定着教师的教学力。随着信息技术的发展，教师的知识结构得以更新，教师已有的学科教学知识已经不能满足社会对人才的要求。在智能时代，需要教师践行终身学习的理念，将技术整合到教学环境中来提高教学效果和创新教学方法。为了应对这一问题，基于舒尔曼的学科教学知识（PCK），在 2005 年，美国学者科勒（Koehler）和米什拉（Mishra）提出了整合技术的学科教学知识（TPACK），搭建了全新的教师知识结构框架。[①] 作为对 PCK 的延伸与发展，TPACK 不只是对技术知识、内容知识和教学知识的简单相加，而是需要关注知识之间的相互作用。

PCK 主要指的是将内容知识、教学法知识和情境知识有机地结合以转化为可行的教学，以便在课堂教学的过程中将 PCK 转化为学生可习得的知识，强调的是教学过程中教师对学科内容知识的理解与转化，以及在教学情境中教师如何建构学生个体的知识。[②] 可见，教师要进行有效的教学，就需要对 PCK 知识进行辨析。教师从学生的生活实际、个体经验出发，梳

---

① 徐鹏：《人工智能时代的教师专业发展——访美国俄勒冈州立大学玛格丽特·尼斯教授》，载《开放教育研究》2019 年第 4 期，第 4-9 页。

② 苏春燕、但武刚：《TPACK 视域下教师知识结构的转化：内涵、过程与路径》，载《教学研究》2020 年第 3 期，第 44-50 页。

理学科知识内容，再借助教学法的基本内容，即学生的心理发展规律和知识的逻辑顺序，将庞杂的学科内容知识转化为学生个体可习得的知识。然而，随着智能教育的发展，教师为了满足学生的学习需求，需要去学习新兴教育技术，并能够熟练地操作这些教育技术来实现教学实践和教育知识的专业化发展。随着智能技术的发展和在教育中的应用，技术知识（TK）和学科教学知识（PCK）之间的联系被结构化为整合技术的学科教学知识。在传统的教学过程中，教师存在着重视学科知识而忽视技术知识的现象。

技术与 PCK 整合的最终目的在于提高课堂教学效率，将繁杂的学科知识转化为学生个体可习得的知识。技术既可以扩充教师的知识结构，又可以在教授特定学科教学内容时使用技术来改善教学方法。[①] 目前，教师在将技术与学科内容相结合过程中，存在着理论应用和实践经验脱节的现象。在"数字孪生+教育"背景下，一方面，教师在职前培养阶段采取技术将理论和实践进行整合，利用翻转课堂、云课堂、微课、在线网络平台等方式将技术知识、学科知识和教育学知识进行整合，通过"线上+线下"混合的教学方式来提高教师的教学能力。在后期，技术参与教师实习、见习、培训等各阶段的全过程，不仅可以促进教师进行探究式教学，也可以培养教师的教学反思能力和跨学科素质。另一方面，在教学过程中，教师可以根据学科属性将技术与学科内容融合，结合学生的学情重塑自己的学科知识结构，并明确在哪个环节使用技术来呈现什么形式的教学内容，以此来生成探究式的课堂，加强教师对技术的应用能力，最后教师对自己的教学效果进行反思，运用技术手段整理学生学习情况，改进教学策略来提升课堂效率。

数字孪生技术的发展，不仅影响了教师的知识结构，也影响了教师在教学中的胜任力。因此，教师需要在 TPACK 知识框架下，实现自身的知

---

① Maeng J L, Mulvey B K, Smetan L K, et al. Preservice teachers' TPACK: using technology to support inquiry instruction. Journal of Science Education & Technology, 2013（22）: 838-857.

识结构转化来应对智能化和终身教育的时代带来的挑战。首先，教师要创造开放、共享的学习环境，通过数字孪生技术来获取或创造知识，再从学生可理解的角度对教材进行加工重组，转化为与学生的个体经验密切相关的知识，实现学科知识的融合性转化。其次，技术手段的应用要为教育目的服务，技术的应用改变了教师的知识结构，虽然给教师教学带来很大的挑战，但同时技术也促进了教学质量的提升。因此，教师要发挥好技术在教学过程中的辅助作用，实现技术、教学的协同发展。最后，教师要加强技术理论知识和实践应用的培训，为形成个性化教学打下基础。TPACK 视域下教师的知识本身是极具个性化的，不同教师个体之间的知识结构、教学经验、教学风格各不相同，因此教师要通过技术应用实现个性化教学。

（二）教师的教学能力

教学能力通常是指教师为达到教学目标、顺利进行教学活动所表现的一种行为特征。教学能力由一般能力和特殊能力组成。一般能力指教学活动中所表现的认识能力，如了解学生学习情况和个性特点的观察能力、预测学生发展动态的思维能力等。特殊能力指教师从事具体教学活动的专门能力，如把握教材、运用教法的能力。在数字技术的迅猛发展下，海量数据不断涌入，教师在掌握基本的教学能力基础上，必须与时俱进，提升自身的数据素养，以适应大数据时代下教育教学活动的新特点和新趋势。

大数据时代，数据信息成为推动社会发展的新型生产资料。教育大数据作为"整个教育活动过程中产生的以及根据教育需要采集到的、一切用于教育发展并可创造巨大潜在价值的数据集合"，为提升教学质量、优化资源配置、实现个性化学习、推动科学决策提供了重要支撑。[①] 数字孪生作为近些年备受产业界与学界关注的新兴概念，与大数据技术的关系十分密切。随着大数据技术与数字孪生相结合，教师在备课、上课、教学反思

---

① 杨现民、唐斯斯、李冀红：《发展教育大数据：内涵、价值和挑战》，载《现代远程教育研究》2016 年第 1 期，第 50-61 页。

以及各类研学活动中都会在各类终端上留下数据碎片，在大量的数据被汇集形成大数据之后，可构建虚实共生的教师数字孪生体，为教师教学能力的发展提供新的动能。可见，提升数据素养是教师教学能力成长的必然选择。教师的数据素养表现在大数据教学整合能力、大数据教学应用能力与大数据教学反思能力。

首先，大数据教学整合能力是指教师能熟练获取相关教学大数据，并从庞杂的数据中筛选出有价值的教学信息。在大数据时代，各种数据信息和资源遍布网络和现实世界，其中掺杂着不少片面和错误的信息，这就要求教师在采集有效的教学数据时具备数据信息的整合能力。教师在获取数据时不再仅仅是学生的考试分数，而是涵盖了学生特征、学生学习特点以及学生学习成长与变化等方面的大量数据，并在这些数据的基础上发现教学问题，以此来调整教学策略，改进学生的教与学。譬如，教师根据收集到的学生个性特征与学习需求等信息来创设与教学相关的虚拟学习空间，梳理出新颖有趣、激发兴趣的教学活动与环节，来培养学生自主学习能力、解决问题的能力和创新思维能力等。

其次，大数据教学应用能力是指教师根据教学需要，收集、分析、解释不同类型的教学大数据，并将其转化为改进教学过程与行为的知识和实践的能力。[①] 在此阶段，教师要充分利用数据去挖掘有用的信息，从庞杂的数据中筛选出具有价值的信息，对信息进行分析并给出正确的解释，使教学过程设计更加合理化、科学化。例如，教师根据教学过程中数据的实时反馈对教学策略进行调整，准确分析学生的学习特点来进行个性化教学，并利用虚拟学习空间发布讨论题、探究题等互动式教学案例，学生在活动中提高了动手能力和合作探究意识。同时，大数据极大地推动了学生过程性的学习评价，利用数据系统采集学生在作业、平时练习中的错误题目，自动汇集形成错题库来帮助教师进行精准诊断和分析。

---

① 卢加元、武蓓：《大数据时代高校教师教学能力的内涵与构成分析》，载《软件导刊（教育技术）》2017年第8期，第51—52页。

最后，大数据教学反思能力是指教师以教学中存在的问题为导向，采取科学的理论和方法，以分析教学规律为基础，有计划、有组织地研究教学过程中出现的问题及解决方法，从而促进自身教学能力的提升。[①] 教师要有属于自己的数据库，以记录完整的教学轨迹。一方面，教师可以把数据库用于教学监控、点播回放、教学分析和教学评价，结合对教学过程和专业的问题进行反思，不仅可以进行自我反省，还可以结合教学小组进行集体研讨与交流，在提升教学能力的同时助力教学改革与时俱进。另一方面，数据库能够帮助教师形成属于自己的教学风格。例如，教师在上课时如何导入、如何上下衔接、哪些词语出现频次高，乃至口头禅和肢体语言都会被记录下来。随着数据的不断积累并向教师真实的教学风格无限靠近，那些教学风格相似的名师聚成若干个教学流派，各个流派的核心成员引领着教学改革与时俱进。因此，课堂不仅是教学的场域，也是教师专业素养提升的阶梯。

（三）教师的教学工具

一般认为，教育技术的变迁经历了四个阶段：从口耳相传到文字印刷、从直观教具到音像媒体设备、从程序教学机到计算机教学系统。技术发展为教师的备课、教学、学生管理等都提供了非常有用的工具，学会使用这些工具是教师能力提高的前提。随着技术的不断变革、创新、发展和教育改革的不断深入，信息技术与课堂教学的融合更加深入，包括使用微课视频、演示视频等创设情境导入来激发学生的学习兴趣；使用多媒体技术、VR、AR 等虚拟仿真技术了解知识要点；使用超星学习通 App、职教云平台、易班 App 实现课堂活动管理；使用翻转课堂支持课下自主学习；等等。

随着时代的发展，特别是互联网技术的进步，"互联网+"越来越成为

---

① 杨敏、徐慧玲：《大数据时代地方本科高校教师教学能力提升机制的构建》，载《湖北理工学院学报》2022 年第 4 期，第 59-63 页。

生活常态，而我们教师的教学活动也离不开信息化教学的手段。起初是多媒体技术的应用，教师教学手段经历了从口头叙述、实物教具到可以展示直观且生动的照片、动画、视频等丰富的多媒体教学资源的过程。再到互联网与教育的结合，教师从传统课程到在线课程的高级形态转变，打造了3D全景化视觉体验的沉浸式课堂环境，并在人工智能技术加持下，实现人机协同教学。

在数字孪生与教育的融合下，未来教师的教学将会在虚实映射、全域感知的学习场域中展示高逼真、精准映射的学习内容，以全面多维的学习评价来提升自身的教学质量。

首先，数字孪生将构建一个与物理实体等同的虚拟空间，通过实时数据对教师的教学、管理、评价等产生重要的影响。教师根据实时学习状态监控，了解符合学生认知、学习兴趣、学习偏好的课程内容，通过数字孪生技术以高逼真、精准映射的形式再现物理世界的人和物。比如，教师可以借助数字孪生技术，将《清明上河图》"搬到"课堂上，再现孙羊店老板、店小二、琵琶女等的日常生活，使学生可以近距离感受北宋生活，了解汴梁，从而深刻理解《清明上河图》的寓意。

其次，数字孪生通过传感器获得海量数据，实现了可视化、感知化的学习空间。教师能够快速诊断学生学习过程中存在的问题，并及时调整教学策略，实现教学活动中教学诊断与教学策略的相互连接，还可以实时追踪学生的学习过程与行为表现来进行多维性评价，相对于传统主观的评价更科学全面。此外，教师评价模式也相应发生变化。教师通过评价系统既能实现个人专业发展不同阶段的纵向比较，又能促进教师与教师之间的横向比较，从而从多个维度客观评价教师专业发展，发挥评价的诊断整改作用，及时跟进、实时反馈，实现以评促发展，推动教师专业素质再发展。

最后，数字孪生技术的应用可以重构远程教育的学习环境，教师能够在名师录播课堂、MOOCs与互动讨论课堂等，将自身的"数字孪生形象"以不同形式呈现给远程的学习者，实现优质师资的开放共享。教育专家等名师先建立数字孪生体，与远程端学习者进行多场景学习互动，能够进一步丰富远程学习的体验。数字孪生技术还能够将优秀的专家、学者和名师的经验保存、修改与转移，塑造一个融合众多优秀教师经验的数字化"完美教师"。因此，教师除了专业知识的学习以外，还要着重加强信息素养的培养，尤其是信息的加工处理与应用能力。也就是利用信息技术手段进行教学的能力，将信息技术与学科教学的内容、资源和实施过程等相融合，熟练应用各种通用软件和学科软件，利用信息技术优化教学活动以及解决教学问题，高效地实现教学目标。

第五章

数字孪生与学生的在场和管理

2022年10月发布的《中共中央关于认真学习宣传贯彻党的二十大精神的决定》中明确提到：在教育科技人才上，要坚持教育优先发展、科技自立自强、人才引领驱动，加快建设教育强国、科技强国、人才强国，办好人民满意的教育，完善科技创新体系，加快实施创新驱动发展战略，深入实施人才强国战略，不断塑造发展新动能、新优势，而这些方面的效果最终都体现在学生的身上。因此，加强对学生栽培的重视程度，培养学生的创新能力、抽象思维、时间管理能力显得尤为重要。

如今，数字化生存已然成为人们的新型存在方式之一。而数字孪生作为未来十年最具发展潜力之一的先进技术，一方面能够革新人类的生活方式、工作方式、沟通方式和思考方式；另一方面能够敦促人类觉悟和反思适应未来社会发展的高质量创新型人才，以调整甚至重构未来的教育目标和育人方式。在数字孪生时代下，将有望打破学生在教育活动中原有的存在方式并重建创新性的在场方式、构建覆盖每个学生的数字孪生画像；为教育对象打造多元的新型学习空间，如游戏化智慧学习空间、仿真实验室、"XR+GPS"操作台、数智讲台、全域学习生态系统、高自由学习空间等，以及为学生教育管理工作创造了完善的管理平台和系统，以致力于培养学生的认知能力、高阶思维能力和创造能力。

一、数字孪生时代学生在教育活动中的在场方式

时间和空间是现代社会的构成性元素和核心范畴，对教育的作用和地位亦是如此。同时是衡量人类社会存在、发展的基础性、本质性要素，无论是现实时空抑或是网络时空，其最终都要承载人类生活、定义社会生活的意义。① 时间是教育活动得以开展和传承的前提条件和具体形式之一，若脱离了"时空"，教育也就随之成为空谈。

（一）促进学生自由发展的时间维度

在过去的教育活动中，时间的意蕴和意义似乎没有得到真正的认知和应用。以学生视角为例，一方面，作为教育主体的学生逐渐沦为时间的奴仆和附庸。学校把学生的在校时间划分为"学年制""课程表""作息表"等，在一定程度上，这种制度确保了教育管理的系统性和保证了教学的效率，但同时也容易出现忽略学生的接受能力和学习效果的可能，即使学生对本节课未能完全理解和消化，但迫于原定教学环节的安排，不得不照常进行下一课时的授课。另一方面，学生的自由发展被严重抑制和压缩。由于先前应试教育和"重智轻能"的学习风气较为浓厚，衍生和助长了许多教育培训行业的兴起，以至于学生的周末时间甚至是晚上的课余休息时间都被安排得满满当当，使得学生的自由发展被严重压迫，甚至逐渐异化成只会进行局部技能的人，这时的学生与车间"流水线"生产出来的统一标准的产品并无异样。

随着历史的车轮滚滚向前，信息技术和社会的发展也正以前所未有的速度向前迈进，两者发展的同时引发了时空嬗变，自然时空逐渐被符号和代码所复刻和重塑，并越来越体现出社会性。在数字技术和数智实践中，

① 管其平：《数字化生存中的时空逻辑、时空剥夺及其时空权利》，载《昆明理工大学学报（社会科学版）》2022年第1期，第127-135页。

各关键技术借助代码、符号等对事物进行编码和构建，使事物或个体能够超越一定的固有认知而创造出脑海中想象的社会事物，该事物能够实现在不同场域、不同范畴中自由穿梭和自由出入，完全颠覆传统"一去不复返"的时间概念。

数字孪生时代下的教育将打破传统时间界限，在学习时间维度上实现学习过程可保存性和反复性。借助大数据和 5G 技术，师生、环境、资源等一切参与到教学活动过程中的元素在孪生课堂中的一举一动都将被完完整整地记录和保存下来。课后学生也可以再次自由进入该课堂进行巩固和复习，学生也可以做笔记和标记，并可以根据自己的学习进度和接受能力任意调节课程的进度条，学生认为自己已经掌握的地方即能够跳过，也可以在自己相对薄弱的地方循环播放和调节课程讲授画面的速度，甚至可以在课堂全过程实时发表自己的想法和对知识的见解。

此外，数字孪生时代下的教育还能聚合同频的多维学习空间以节省学生的学习时间，大大释放了学生传统时间的桎梏，提升了学生时间管理和运用的灵活性和有效性。这时人工神经网络技术、XR 拓展技术成为数字孪生实现这一功能的重要依托，将学生泛在的、多维的学习活动节点与学生零碎的学习成果进行有序整合，以达到帮助学生节约学习时间的目的。

（二）学生学习空间的同频整合

众所周知，5G、大数据、"移动互联网+"、"3R"（VR、AR、MR）全息与传感等技术已经在制造业得到了广泛和深度的应用。如今，这些先进技术的发展出现了"新风向"，开始迈进教育领域，不仅为教育对象创造出强交互性、无边界、具身性的优质型学习空间，让学生体验各种模拟实验，促进学生主动学习和热爱学习，提升学生的认知水平和深度，培养合理的移情能力，而且环境与身体之间的交互方式也随之发生了新的变化，构建出"境身合一"的学习新空间和感官新体验。

第一，学生的多态身体。唐·伊德（Don Ihde）在《技术中的身体》

中也提出了三种"身体"：其一是肉身意义上的身体，具有运动感、知觉性、情绪性的在世存在物；其二是社会文化意义上的身体，在社会性、文化性的内部建构起自身的存在物；其三是技术意义上的身体，在与技术的关系中，以技术或技术化人工物为中介建立起的存在物。[①] 5G、云计算、人工智能、大数据、虚拟现实、增强现实等技术的蓬勃发展催生了技术与身体相互交织的多态的学生身体，多重技术与身体的完美耦合打破了大众先前固有的认知方式并重构了学生的知觉实践，具身性的架构使身体实现了主体性回归，即在实体身体离场的情况下也能使其产生身临其境的感觉。通过学生的"分身"让学生置身于真实情境中沉浸体验，并使其全身心投入学习，顺利促进知识的迁移和形成深度认知。这也印证了建构主义学习理论所推崇的观点——知识、学习与情境化活动之间是具有密切关联的，由此倡导学生应该在提前创设的情景中发现问题、提出问题、分析问题、验证问题、解决问题并完成预设的学习任务。

5G 技术使学生身体突破了物理空间对身体的限制与阻碍，实现了学生身体感知的全方位延伸。基于传感器技术的可穿戴设备的出现，延伸了人体的视觉、听觉和触觉，在视听传播中形成了综合化、互动性、身临其境的感官体验。[②] 基于 5G 和传感器的交织使用，学生能够超越时空的边界限制，通过"分身在场"感知现场的"一草一木"。

我们不妨以足球比赛为例，克里斯蒂亚诺·罗纳尔多（Cristiano Ronaldo dos Santos Aveiro）于 2018 年欧洲冠军联赛决赛中做出了"倒挂金钩"的高难度动作（90 度横飞）并以此为其所在球队赢得了当场比赛。借助以 5G 为基础的"时间切片"技术和百度智能云"3D+AI"时空定格技术的优化组合，观众可以一览无余地从多角度看到克里斯蒂亚诺·罗纳

---

① 杨庆峰：《翱翔的信天翁：唐·伊德技术现象学研究》，中国社会科学出版社 2015 年版，第 94 页。

② 李国光：《5G 时代体育赛事视听传播中的身体在场与离场》，载《当代电视》2022 年第 9 期，第 24-28 页。

尔多从起跳到落地时身姿的腾空轨迹和清晰定格，他的动作轨迹全过程和每个时段的动作姿态都能够被观众尽收眼底。同理，2022 年冬奥会上运动员的精彩瞬间也可以通过上述技术实现重映，随时随地出现在观众的眼前，不仅加深了观众对冬奥会运动员的钦佩，并从中深受鼓舞，还能弥补不能远出国门置身于现场观看比赛的遗憾和接触到几近还原现场比赛的情景，从而感受当时比赛的气氛与激情。

梅洛·庞蒂认为，身体是知觉的主体，是一种可以同时作为许多面向和层次的存在方式。① 当数字孪生技术嵌入身体之时，即产生了一种新的离场方式——数字在场，它是身体离场的一种特殊形式。数字在场通过 5G 技术与人工智能技术的有机结合来对当前的物理空间或个体进行数字编码、信息互换、双向传播，以实现于异空间中与先前的空间同时在场。

例如，借助 "5G+人工智能" 技术为新闻主播量身打造的 "孪生主播" 数智分身，不仅能够对相关新闻进行播报和解说，还能够与观众进行沉浸式的友好互动，高度复刻了真人的性质、状态和行为。而这种 "5G+人工智能" 技术打造的孪生体分身也有望 "进军" 教育领域，在不久的将来，每一位学生都有与自身高度匹配的 "孪生体分身"，它能够替代学生真人不远万里去到地球的另一端体验不同国家的风土人情和文化精神，深切体会当地的教育环境与本国的异同，充分利用富饶的人力物力资源，帮助学生摆脱枯燥的物理课堂空间，使其置身于实验室或大自然之中去积极试验、询证结果、总结经验和归纳概念。总之，在数字孪生时代，"赛博格" 形式的身体传播将成为一种主流趋势，促使后人类时代先进技术与身体的高度交织。

总体而言，学生的具身性在场可全方位调动参与者的运动感觉系统与周围环境进行互动，为参与者构建别致、乐享、完整的沉浸式体验，促使参与者的具身认知，使之心理和情感水平得到提升，从中激发其想象力、

---

① 覃岚：《身体与世界的知觉粘连：从在场到虚拟在场》，载《编辑之友》2020 年第 11 期，第 76-81 页。

创造性思维，从而建构个性化的沉浸式学习空间。①

第二，学生的学习空间变换。从古到今，学生的学习空间历经万变，从简单到复杂，从非正规到正规，从稚嫩到成熟的成长轨迹不断发展——从最久远的、以经验传授和教学为主的大自然学习空间和田野空间到传统教育中以班级授课制为基本组织形式的课堂学习空间，再到现行的、以各项信息技术为支撑的在线学习空间和网络学习空间，而发展到未来将呈现出一种以智能技术为基础的新型学习空间。换言之，随着数字技术"云在"机制的发展，传统空间的"实在"机制及其框定的教育形式不断被解构，数字空间作为"此在"的基本存在论背景及其教育能动性逐渐凸显。空间的数字化流变意味着人类生存场域的扩大以及个体生命维度的扩宽。②推动教育空间的多维并存与组合、促进学生本体与学习空间一体化发展是未来教育的重要目标之一。

要推动多维教育空间的并存与一体化发展，就要推动教育空间的无边界化发展与应用，激发教育者与教育对象保持对于生命的敏感性，要不断地加强智能空间科学、空间技术、空间应用与教育领域的全面渗透与糅合。③ 强大的数字孪生体系恰恰能够将上述提及的元素与教育进行完美交织，打造出既能增加学生沉浸式的学习感知和体验又能促进学生发展延伸的无边界学习空间。

无边界学习空间是与传统的"封闭型学习空间""单一物理学习空间"相对的"开放学习空间""自由学习空间"，它的显著特征是能够超越时空限制、空间边缘被弱化甚至被消除、能够自由出入和自如切换学习场景、突破学校的藩篱并促进家校社有机融合等，有力地打破了封闭型学习空间

---

① 徐铷忆、陈卫东、郑思思等：《境身合一：沉浸式体验的内涵建构、实现机制与教育应用——兼论 AI+沉浸式学习的新场域》，载《远程教育杂志》2021 年第 1 期，第 28–40 页。

② 邹红军：《数字化时代的空间流变与教育的家庭向度》，载《南京社会科学》2022 年第 2 期，第 148–156 页。

③ 刁宏宇、吴选红：《时空的超越：人工智能时代新的教育在场方式》，载《佛山科学技术学院学报（社会科学版）》2020 年第 5 期，第 24–29 页。

所导致的学科知识抽象难懂、理论与实践相脱节、学生身体"离场"体验、教师"一言堂"、缺乏因材施教、不利于学生逻辑思维能力培养和难以发挥学生个性和创造力等的僵局。

无边界学习空间所指的"无边界"范式包括教育内容、教育任务、教育形式、教育空间、教育方法、教育活动、教育载体、教育对象、教育课堂等。首先，在无边界学习空间中，其教育对象覆盖了全生命周期的学生个体和群体，无论是幼儿、少年、青年、成人，甚至是老年人都可以在其中精选到所需的学习内容和知识领域，以满足每个学生的个性化学习愿望，也适应了全社会群体终身学习的走向。其次，无边界学习空间充分践行了共建共享的先进理念，在大数据的强势赋能下，其大力推进了教育资源和信息的跨域共享，使多元的人力资源和物力资源能够被充分与合理地利用。最后，数字孪生的无边界学习空间能够为教育对象带来极大的教育便利，通过虚拟现实技术和增强现实技术的联合作用下，3D可视化的虚实融合空间当即出现在学生的眼前。只要学生"想学"，就能"瞬间移动"至相应的学习空间，对于具有多重或复杂学习需求的学生而言，也能够实现无缝接入下一个"虚拟实体化"的学习空间中汲取多元的知识与技能。

总的来说，数字孪生提供的无边界学习空间具有沉浸式学习和体验的色彩，它将改写传统教育空间中的时空界限，表现出主体与技术的交融、数字与实体的交织、线上与线下的融合、虚拟与现实的契合的数智特征，给学生提供自由、自在、具身、多样、共享、无阻的学习环境——学生能够尽情地与学习环境进行动态更新和友好交互，沉浸式体验与学习资源互动的乐趣，并以此不断提高对学习的兴趣，从而加深对所学知识的理解并提高学习效率。

二、数字孪生时代的学生管理

学生教育管理是教育系统中必不可少的一环。它是教育教学活动得以正常开展并保证质量的关键环节之一。因此，如何规范和不断完善学生管理制度、构建学生管理平台、明确学生管理方式显得尤为重要。

（一）学生教育管理的问题和改革趋势

传统教育和现行教育的管理工作充满形式主义的气息，都存在着这样或那样的通病，譬如，学生教育管理模式陈旧，亟待创新和再造；学生教育管理工作中对信息化的重视和应用程度不高；学生教育管理体系不够科学客观和完善；管理者的专业素质和综合素质亟待提升以及学生教育管理实施中缺少互动（包括人与人之间的互动、人与环境之间的互动、人与技术之间的互动、人与资源之间的互动等），导致学生管理没有真正发挥它该有的作用。

在传统的学生教育管理中，教师的思想和行为起到了决定性作用，学生的自主意识被埋没，加之在新一轮信息技术浪潮的冲击和强势来袭，现行的学生管理体系和管理模式已经不合时宜、难以为继甚至"苟延残喘"，而且各方表现出对传统学生管理方法的强烈抵制和"威迫"并对创新的学生管理模式满怀期待，对传统的学生教育管理改革势在必行。

（二）大数据赋能的学生教育管理

《中华人民共和国国民经济和社会发展第十三个五年规划纲要》明确"把大数据作为基础性战略资源，全面实施促进大数据发展行动，加快推动数据资源共享开放和开发应用，助力产业转型升级和社会治理创新"。[①]虽然此纲要主要涉及产业转型升级和社会治理创新，但同样启示我们必须意识到大数据在教育领域的巨大潜能和把握技术发展的契机，使其最大限度地发挥作用，更好地为我国教育事业赋能，不断推动我国教育的现代化发展。

---

① 《中华人民共和国国民经济和社会发展第十三个五年规划纲要》，载《人民日报》2016年3月18日。

　　随着大数据理念的传播及其应用的逐步深入，大数据的内涵也在不断地拓展和变化，可以从 3 个层面来理解大数据：①技术层面，大数据是伴随着物联网、移动互联网、人工智能、云计算等技术应用下所产生的海量数据中应运而生的，包括数据存储和采集、数据挖掘和可视化等关键技术，通过数据分析技术对事物发展进行预警、监测和决策；②能力层面，就是从海量复杂的数据中分析和挖掘事物变化规律、寻找相互间的有意义关联、准确预测事物发展趋势的能力；③思维层面，让大数据"开口说话"，让其成为人类思考问题和做出行为决策的基本出发点。①

　　大数据为学生教育管理工作带来了极大的便利和积极效果。首先，它能够改变学校，尤其是高校中学生管理的现状。大数据时代下，可以将参与教育活动的所有元素均赋予数字化，通过各种代码的编码、数据的转换将人、机、物、技术、环境融为一体，使之成为大数据实时监测的对象，进而掌握整个教育生态系统的动向，以便于消除传统管理工作中的弊端和带来革命性的管理方式和效果。其次，它是智慧校园的重要依托。智慧校园是依托大数据、5G 等现代信息技术，系统全面地归纳和整理学生学习和生活过程中的实时数据和历史数据，并以此为基础构建充满青春气息和人文精神的校园文化环境，这大大促进学校各个部门之间的协作配合与同心同力，能有效提高高校学生教育管理的效率和促进智慧校园的建成。最后，它是构建网课思政教育主阵地的中坚力量。利用大数据构建的网络授课空间，可以帮助思政教育打破瓶颈，拓宽实施渠道，有效提升当代大学生的思想道德素质和培养良好的精神面貌，满足当代思政教育的需要。

　　与此同时，大数据在高校学生管理工作中也不可避免地面临一些挑战。一方面，在大数据和网络高速发展的大背景下，四周都充斥着信息的流动，学生获取信息的能力和便捷程度大大提升，但这也容易产生信息安全的风险，学生在观看教育课程或浏览网页时非常容易暴露自身的重要信

---

① 李慧：《大数据处理技术在高校学生管理中的应用研究》，载《科技与创新》2022 年第 6 期，第 122−124、128 页。

息，导致个人信息被泄露和被贩卖；甚至社会上一些动机不良的媒体和商家为了博人眼球，大量输出和传递不良的、负面的、错误的信息，由于青少年缺乏判断能力、对于新鲜事物充满好奇，进而扭曲了青少年的正确价值观和判断力。另一方面，尽管大数据时代已经来临，但时至今日教育管理者，对于学生管理理念仍然有着一定的滞后性和封闭性，难以解决现实中存在的管理问题，面对瞬息万变和错综复杂的情况更是无济于事，同时也将无法适应日新月异的管理发展新形势以及个体之间的差异性。由此，扭转管理者的滞后性管理理念和培养管理者科学客观的问题导向能力与保障学生信息安全的同时，对学生进行正确思想观念传导的任务迫在眉睫。

（三）数字孪生的学生教育管理体系

从宏观角度看，数字孪生所构建的学生管理体系呈现了"六化"的强大功能和理想效果。"六化"是指数字孪生时代的教育管理模式实现管理预测前瞻化、管理决策系统化、管理过程权变化、管理服务个性化、管理对象协同化、管理评价客观化六个方面的转变，[①] 推动学生教育管理工作朝着现代化方向大步迈进。

第一，管理预测前瞻化。数字孪生管理系统能够塑造出一套高度完善的应急系统。该管理系统借助可穿戴智能设备、云计算和边缘计算及大数据等技术，将学生的学习踪迹进行数据化分析，并根据分析结果预测学生的学习行为，进而提出个性化的学生管理策略。

第二，管理决策系统化。基于5G、物联网和大数据技术相互融合的孪生管理体系能够有效克服"信息孤岛化""数字化鸿沟"等困难，为各渠道和各要素之间的无障碍连通扩展了现实路径，各部门能够进行跨区域协作、信息互换，如一股绳般紧紧拧在一起，从此"不分家"。

第三，管理过程权变化。数字孪生管理系统将打破传统学生管理按部

---

① 陈文、蒲清平、邹放鸣：《大数据时代的高校学生教育管理模式转变与应对策略》，载《江苏高教》2017年第1期，第67-69页。

就班、一成不变的静态式管理，进而转变成为借助智能的、可视化的、先觉性的数据分析技术深挖学生行为轨迹和成长路线的动态化管理。

第四，管理服务个性化。数字孪生管理系统将引领传统的粗放型管理向精细化管理迈进，颠覆了传统管理中对全部学生使用同一套管理制度与方法，不再是尊重学生个体差异性、主体性、独特性的现状，而是通过各项关键技术全程追踪每一个学生的成长和发展过程并针对性地为每位学生量身打造一套专属的管理办法和为其提供个性化的管理服务。

第五，管理对象协同化。数字孪生管理体系打破了原先由教师或学校管理者单一执行、学生管理方式一维化、教育管理人员"内卷化"等管理工作的现象，学生的主体地位开始显现并积极参与到管理工作中，形成学校管理者、教师、学生三级管理的局面，进而形成管理的对象协同和同向作用力。

第六，管理评价客观化。数字孪生管理体系抨击管理评价以唯分数论为代表的唯量化论，强调将学生的思想品德、思维能力、价值取向、动手能力等内容纳入管理评价的范畴，通过数据的分析生成学生管理结果的动态图谱，杜绝管理评价的随意性和主观性，从而充分发挥管理评价的导向和激励功能。

从微观角度看，数字孪生所构建的学生管理体系能够精准地掌控在校生的情况，发挥大数据的监控作用，预防学生心理疾病，对学生就业进行指导，加强大数据技术的信息安全管控以及合理搭建师生交流平台。[1]

第一，通过云计算和大数据技术可以将学生的在校信息和生活状态进行数据化、信息化整合。一方面，通过学生信息的采集和分析，可以了解学生参加课程的类型和社团的领域，以此作为开设课程的数量和类型以及社团活动的比例，不仅促进了学生教育管理的科学性和高效性，还保障了学生的学业质量。另一方面，数字孪生管理体系还可以通过技术支撑的校

---

[1]　李慧：《大数据处理技术在高校学生管理中的应用研究》，载《科技与创新》2022 年第 6 期，第 122-124、128 页。

园"一卡通"或学生信息系统搜集到每个学生的真实生活状况（如日常消费、购物记录、聚餐频率等），并自动生成学生群体的消费水平和能力比对的形象动态图，进而对需要帮扶的学生"精准扶贫"，让学生安心学习。

第二，青少年心理问题是目前需要被注意和提防的健康问题，也是十分重要的社会性问题。数字孪生管理体系借助5G、云计算、大数据等技术随时捕捉和记录学生在各类社交软件中通过对各种内容的倾向和情感的状态，来分析学生的心理健康程度和潜在的心理问题，及时给有需要的学生提供必要的心理辅导，帮助学生"击退"因外界压力（学习压力、同伴关系、家庭因素等）而产生的消极情绪和焦虑，安抚学生的情绪，为学生提供实质性的建议，帮助学生走出困境，这种实时监测起到了预防学生心理疾病等作用。

第三，数字孪生管理体系对学生未来就业具有指导性意义。当下，由于许多在校学生从没接触过职场或真正踏入社会，因此都会缺乏社会经验和社会阅历。在该如何选择适合自己的职业时他们更是"一头雾水"，加之对自身的认知和定位也不够准确，以至于在寻找合适自己职业的过程中难免"四处碰壁"、感到迷茫，甚至产生挫败感。而数字孪生管理系统则能根据学生在校的先后表现的相关数据和信息化档案帮助学生充分地认识自己、反思自己，并严格要求自己，鞭策自己成为更优秀的人。同时，孪生管理系统还能根据对学生档案分析，帮助学生进行职业相关信息分析（如行业分析、岗位职能以及行业发展前景等），进而为学生制定个性化的职业生涯规划，给学生挑选出最为适配的行业和职业，为学生指明就业方向和前进道路。

第四，数字孪生管理体系能够搭建师生交流的互动平台。通过微信公众号、知乎、微博等平台，师生之间可以跨越年龄鸿沟、身份障碍、时空限制，自由地进行高质量的交谈，进而构建良好的、平等的、相互尊重的师生关系。

此外，数字孪生秉承"从数据出发、以数据为依托、客观分析数据"

的学生教育管理原则，能够有效解决教育管理者强加主观意识进行管理决策的突出问题。与传统管理模式不同的是，数字孪生管理系统秉持"数据为衡量标准与决策的前提和方向"的理念，在获取目标的数据和信息后，数字孪生系统能够通过数据分析和辨别技术来判断信息的真实性和正负面，经过一系列的评估和运算确定信息性质后方可投入使用和作为参照。同时孪生系统内部署了大量的摄像监控设备，24 小时对系统内的所有元素进行全程监测，一旦发现"黑客入侵"、错误指令或虚假信息，将自动启动系统中的信息安全防护装置，并将这些有害信息立即删除，进而有效避免了孪生系统出现混乱状态的可能性，成功保障了系统的生态健康和数据安全。

总之，数字孪生能够促进学生教育管理不断与时俱进，管理方式不断改善和优化，进而助力我国学生管理工作登上崭新的台阶，具有创新性意义。

第六章

数字孪生与个性化教育

随着时代的发展，职业分工及其专业分化越来越细，而且伴随着科学技术的发展和脑科学关于人类学习机制的研究，个性化学习对学生发展的重要意义愈发凸显。互联网、虚拟现实、大数据、人工智能、数字孪生等新兴技术的兴起，不仅带来了资源的多元化、数据的规模化和计算的智能化，使传统经验式的教育研究范式逐渐转化为数据驱动的科学研究范式，充分运用新技术支持精准化、智能化教学，还成为助力个性化教育发展的强大动力，加快了"因材施教"的实现。

一、个性化教育的理念与实现基础

教育的理念和形式与时代的发展密切相关。农业社会中的教育在某种意义上讲是个人化的；进入工业社会后，标准化已经被公认为是提高劳动生产率的有效方法，而教育则服从于社会的需要、适应于工业社会的要求，因此教育史开始了标准化的历程；再到信息和智能时代，知识更新迭代的速度对人的知识、能力、价值观提出了更高的要求，传统的规模化教育体系已不适应现代社会对学生的个性化需求，人类社会越来越需要一大批能力突出、富有创新精神的个性化人才，而这必须以个性化教育为前提。

（一）教育理念从"标准化"向"个性化"转变

工业社会是一个以工业生产为经济主导的社会，同时强调以"技术理性"为主。技术理性强调用技术和规范去管理生产，其核心追求是效率，标准化的流水线生产和严格的质量监控是确保效率的有效手段。[①] 标准化是工业社会的产物，随着现代技术飞速发展，其弥漫于社会的各个领域，在教育方面也正发挥着巨大的作用。

在奴隶社会早期，各个国家基本的教学组织形式是古老的个别教学，因为教学成效低，所以不利于学生的个性健康发展。随着社会的发展，社会对人才的教育要求越来越高，对劳动力的需求也越来越大，而传统的个别教学不能适应社会需求变化。因此，夸美纽斯的班级授课制是应工业社会需求而产生的，是教育适应标准化需要的必然结果，并逐渐成为世界范围内广泛采用的最基本的教学组织形式。

班级授课制的诞生，很好地适应了工业革命对大量产业工人进行职前培训和教育的需要，这种教学制度具有深刻的时代烙印，与工业社会大批量生产的特征具有高度的一致性。其明显的高效率和统一性的特征，为培养与工业社会发展相适应的大批量高素质的产业工人发挥了积极的作用，以及不可替代的作用。班级授课制的高效率和统一性还表现在教学目标、学科知识、教学方法和原则的标准化，发挥教师的主导作用，便于学校教学管理。但随着时代和技术的不断发展与变化，班级授课制对于学生个性发展的局限性逐渐呈现，其背后具有教育的一系列弊端，即把人"工具化"，批量生产出"千篇一律、千人一面"的人，这是对个性的消磨，是以牺牲人的个性为代价的，同时不利于因材施教。

标准化教育的问题不是标准化本身的问题，而在于人们是如何对待标准化问题的，即在于追求标准化时是否排斥个体的独特性、差异性。如前

① 罗祖兵：《由"标准化"到"个性化"：信息社会中的教学变革》，载《电化教育研究》2011年第9期，第11-15页。

所述，标准化教育受技术理性支配，而技术理性强调的是事物的共性而非特殊性和个性。众所周知，任何事物都是个性与共性的辩证统一。个性揭示事物之间的差异性，是同一类事物中不同个体的区别，而共性是一类事物与另一类的区别，它维持了事物的统一性。对于事物的发展而言，个性比共性更重要，因为共性存在于个性之中，并通过个性来表现，没有个性就没有突变，事物就不会进化，社会也难以进步。可见，工业社会中的标准化教学无法实现社会倡导的个性化学习和终身学习的发展。

随着时代的发展，职业的分化和分工越来越精细，而且伴随着科学技术的发展，信息量正以几何级数的方式海量递增，在学生学习过程中，知识和信息传递的地位和重要性正在发生变化。于是，班级授课制对学生学习与发展的制约等消极影响逐渐显现，特别是班级授课制对学生学习自主性和选择性的充分体现具有明显的局限性。

从工业社会中标准批量化实现高效的工厂式教育模式，再到信息社会中以数据为支撑的个性化教育，教育理念正从"标准化"向"个性化"转变。

首先，教育要适应学生个性。德国著名文学家歌德有一句名言：同一棵树上很难找到两片叶子的形状是完全一样的，一千个人之中也很难找到两个在思想情感上完全协调的人。这句话非常形象地告诉我们，任何事物都是具有个性的，人与人之间是存在个体差异的。那么真正的教育应该是发现差异、尊重差异，并适合学生个性特征的，而不是让所有学生必须达到固定的教学标准。多元智能理论告诉我们，并不是某一种智能决定了学生的全部，学生可以在多个领域发挥专长，因此，教育要帮助学生挖掘自身那些"被埋没"的潜能，发挥自己的专长，进行扬长而不是补短。

其次，教育要适应教师个性。新一轮基础教育课程改革无论是在教育思想、教育理念方面，还是在教学技能、教学评价等方面都要打破统一，倡导多样，发展个性，形成特色。除了要注重学生的个性发展，还要求教师要有自己的教学技能、教学风格。所以，教育必须契合教师个性。该如何挑选教学方法？什么才是有效的教学方法呢？这是没有标准的，因为好的教学方法一定是符合教师个性特长的方法。教师同样是"发展者"，有权主动发展自己的个性，在教学过程中展示自我、实现自我，感受教学过程的乐趣与互动，此时的感受才会发自内心。要想将课堂变得高效、有活力、有创造力，就需要融入教师自己的个性。

最后，教育要符合学校个性。《国家中长期教育改革和发展规划纲要（2010—2020 年）》明确提出，"要树立以提高质量为核心的教育发展观，注重教育内涵发展，鼓励学校办出特色、办出水平、出名师、育英才"。[①]古人认为："事物之独胜处曰特色"，意思是说一个人或一种事物与众不同并且有出类拔萃之处就是特色。那么办学特色就是学校在整体办学过程中所表现出来的有别于其他学校的独特办学风格和特征，是一所学校积极进取的个性表现。学校和人一样，都有着自身的特长和潜在优势，关键是要能够发现自身的优势，找到了这个"点"，找准了这个"点"，就找到了学校个性创建的突破口。以点带面，带动学校整体提升，把潜在的优势变为显性的优势。总之，个性创建是学校发展的需要、学生发展的需要，也是社会发展的需要。

（二）个性化教育的内涵与实现基础

"个性"一词最初来自拉丁语 Personal，开始是指演员在舞台上所戴的面具，后来特指具有特殊性格的人——演员。一般来说，个性不仅是一个人的外在表现，而且是真实的自我，个性就是个性心理的简称，在西方又称人格。人格，是指一个人独特的、稳定的、本质的心理倾向和心理特征的总和。

由于个性结构较为复杂，许多心理学者从自己研究的角度提出个性的

[①] 国家中长期教育改革和发展规划纲要工作小组办公室：《国家中长期教育改革和发展规划纲要（2010—2020 年）》，http：//www. moe. gov. cn/srcsite/A01/s7048/201007/t20100729_171904. html。

定义。美国心理学家奥尔波特（G. W. Allport）曾综述过 50 多种不同的定义。但西方心理学界普遍认同奥尔波特对个性的界定：首先，他将个性作为身心倾向、特性和反应的统一；其次，他提出了个性不是固定不变的，而是不断变化和发展的；最后，他强调个性不仅仅是行为和思想，而且是制约着各种活动倾向的动力系统。奥尔波特关于个性的定义至今仍被西方许多心理学教科书所采用。

"个性化"中的"化"字在《现代汉语词典》中被定义为后缀，加在名词或形容词后面构成一个新的动词，常常表示为"转变"成某种状态或性质。因此，"个性化"表示为使人具有个性特征的一种活动状态。在教育的视角中，"个性化"主要涉及"个性化学习"和"个性化教育"。个性化学习是以学生为教育主体，学生根据自身的内在需要、发展目标，借助一定的教育条件与教学技能，通过自主选择确定学习课程与内容、学习时间与进程、学习环境与空间、学习方式与策略等开展独具个性的学习活动，从中获得知识与技能、能力与素质以及形成情感、态度、价值观。个性化教育是以政府、学校或教师为主体，实现"一生一案"，为每一个学生提供适合的教育，同时也是学生开展个性化学习的支持者。

我国伟大的教育家、思想家孔子早在春秋时期就十分重视人的个性差异，倡导因材施教的育人宗旨。他曾说过"生而知之者，上也；学而知之者，次也；困而学之，又其次也；困而不学，民斯为下矣"。孔子最难能可贵的就是主张教育应该促进学生的自我成长，培养各种才能，这就是他说的"有教无类"。目前我们所倡导的个性化教育与孔子所提出的因材施教思想一脉相承，同时赋予新的时代内涵。个性化教育的一个基本特征就是根据学生自身的个性特征，为其提供最佳的学习内容、方式、策略和环境等来开展学习活动，以实现学生个性发展为目标的教育范式。

长期以来，我国的教育总体上是重共性、轻个性，像工厂流水线上生产机器一样大批量生产知识与学生，是适应工业化社会发展的一种教学组织形式。其以"高效率"与"统一性"为特征的教学模式满足了工业社会对人才的要求，推动了社会的进步与经济的发展。然而，随着时代的变迁，以及西方思想意识形态的影响，学生思想的多元化、意识形态的多样化日益凸显。信息化时代，"划一性教育"对学生的个性化学习与成长的束缚，就更加显著地表现出来。在世界多极化和经济全球化背景下，经济结构和社会分工日趋复杂化，对人才培养提出了多样化的要求，时代的发展呼吁个性化教育，以实现学生全面而富有个性的发展。

个性化教育是人类实现自我的需求，成为个性发展的价值追求。同时教育神经科学的兴起，使个性化成为未来主要的教学方式，而且教育技术与环境的变化，也为个性化教育的实现提供了基础。

首先，马斯洛的需求层次理论是心理学中的激励理论，包括人类需求的五级模型，通常被描绘成金字塔内的等级。从层次结构的底部向上，分别为生理需求、安全需求、社会需求、尊重需求和自我实现需求。他认为，人类需求的最高层次是"自我实现"，人们也将"自我实现"作为最高价值追求，客观上只有通过个体的内在行为主动学习，才可能达到自我实现。由于学生的个性特质具有差异性，教育必须关注学生的内在差异与层次性，而个性化教育能够更好满足学生的不同需求，是自我实现需求的重要途径。

其次，脑科学理论的研究受到更广泛的关注，其研究成果也越来越多应用于教育领域。数以百计的脑科学研究人员对"关键期"问题进行了大量研究并形成较为统一的结论：脑的不同功能的发展有不同的关键期，某些能力在大脑发展的某一敏感时期最容易获得，如人的视觉功能发展的关键在幼年期；对于语言学习来说，音韵学习的关键期在幼年，而语法学习的关键期则在 16 岁以前。此时神经系统具有可塑性，发展速度特别快，但错过了这段关键期，个体功能的发展会受到很大的影响。此外，对于不同的人，其脑的功能发展关键期是不完全一致的，存在着一定的个体差异。因此，在教育中要关注并抓住关键期，在诸如视觉、听觉、语言、思维、逻辑等的功能都适时为学生开启"机会之窗"，使人脑的各种功能得到及时有效的开发。在脑科学与学习机制的融合下，使学生的学习个性化具有更坚实的科学基础，突出了人类学习的个体差异，个性化学习逐渐成为学习过程中的一种必然行为选择，更加体现出个性化教育在人的发展的价值。

最后，教育科技与环境的变化和发展，以惊人的速度改变人们的认知方式、交往模式和生活形式，技术对社会的变革已经像阳光一样覆盖了世界的各个角落，为个性化教育的开展奠定了强有力的物质基础和技术服务的保障。当今我国面临人口红利即将结束、老龄化社会加速形成、经济社会结构正在转型升级等重大挑战，这对人的知识、能力、价值观提出了更高的要求。同时，人类社会逐渐从工业社会向信息社会和智能社会迈进，标准化、规模化教育体系已不能适应现代信息社会对教育的个性化需求。个性化教育正是适应了社会发展的需要，是新时代教育改革与发展的必然选择，对社会的进步具有积极的意义。

二、大数据推动个性化教育的发展

新一代信息技术所催生出的最显著的变化就是人类社会的数据化，而教育数据化正推动着教育个性化、学习个性化的发展，正日益打破以往教学中制度障碍、思想束缚与认识惯性等弊端。同时，在移动互联网和物联网等信息技术的助力下，催生了以数据为基础的科学化、个性化的新教学模式。随着知识内涵的不断扩大与教学方法的不断变化，教育方式将朝向更为适应人性和人的全面发展的个性化教育演变。

（一）大数据时代教育的新态势

在教育领域，随着对学生发展的要求更加全面化、个性化，动态学习过程涉及的大量学习数据应运而生。大数据对海量数据的处理与分析、存储与推荐等功能满足了个性化教育的要求。

　　大数据的特点主要包括①大量（volume）：由于互联网分秒不停地产生数据信息，因此对数据的存储容量大，计量单位甚至上升到 EB、ZB、YB 及以上级别；②高速度（velocity）：指互联网上的信息总量正以指数级速度不断增加，并且对数据分析的速度极快，一般在秒级时间范围内可以给出海量数据分析的结果；③多样化（variety）：指包含的数据类型非常多，传统的数据多是常用的结构化数据，随着互联网、自媒体等新媒体的发展，视频、图片等非结构化数据呈现出爆炸式增长之态。特别是随着自媒体和智能终端的发展，每个人都成了传播主体，在网络上产生的非结构化数据的数量日趋增大；④价值（value）：指通过大数据技术对数据进行处理和挖掘，能够发掘隐藏于数据内部的巨大价值，以前所未有的方式预见事物的发展趋势，进而影响人们的生活方式、看待世界的视角。

　　互联网的产生和发展，引领社会步入了信息爆炸的时代，其显著的特征就是数据规模的爆炸式增长和高度复杂化，教育领域的数据正以前所未有的速度不断地增长和积累。英国著名大数据专家维克托·迈尔·舍恩伯格总结了大数据教育的核心要素是：反馈（feedback）、个性化（individualization）和概率预测（probabilistic predictions）。[1] 在大数据时代，应充分应用大数据技术的概率预测、个性化和反馈功能，对数据行为整合成有效信息，根据学生的需求和能力，推荐不同的学习内容、学习方式，为每个学生提供最合适的教学材料，让学生自主选择所需的学习资源、制订适合的学习计划、自由地安排学习时间和地点，从而达到自我学习、主动学习、个性化学习的目的。

　　目前，对于试卷数据的应用方面，已存在"极课云""智学网"等基于大数据的智能阅卷系统。大数据智能阅卷系统实现了试卷扫描电子化、网上阅卷、评卷轨迹追溯与成绩数据自动分析等功能。一方面，对于教师而言，大数据智能阅卷系统除了帮助其提高工作效率，大大减轻了学校和

---

　　① ［英］维克托·迈尔-舍恩伯格、肯尼思·库克耶：《与大数据同行——学习和教育的未来》，赵中建、张燕南译，华东师范大学出版社 2015 年版，第 16 页。

教师的工作量，还有助于教师将更多的时间和精力投入高效的教学中。教师可根据大数据支持下的自动统计分析学生成绩，快速掌握考情学情。同时，高效出成绩分析，自动生成分析图表，教师可以查看学生整个学段的成绩曲线，综合分析学生的进退步情况，关注成绩波动较大的学生，实现个性化教学。另一方面，对于学生而言，大数据智能阅卷系统有助于其短时间内完成大量的错题整理工作，将精力集中在分析错题上，及时进行纠正并弥补知识漏洞，实现自我学习。

作为社会子系统的重要领域的教育领域，在大数据时代来临之期亦深受影响。教育大数据的应用，首先，必不可少的是数据采集平台和工具，其涉及的软硬件工具种类繁多。在硬件方面，主要有平板、计算机、一体机等；软件方面，可以细分为阅卷系统、学习系统、网络学习平台和管理平台四种类型。阅卷系统有极课云大数据精准教学管理系统、科大讯飞智学网平台等，教师可以通过阅卷系统将学生试卷进行扫描，以便得到学生的考试数据与得分情况；学习系统主要有学习通平台、乐课网平台、翼课网学习平台等，学生可以通过学习系统登录进行网上学习，并且平台上能够获取学生的学习行为数据和答题数据，便于教师和管理者进行后续的采集分析；网络学习平台主要有 B 站、微信公众号、之江汇等，网络学习平台的开放性更强，学生可以自主通过网络学习平台寻找更多的学习资源并开展自适应学习；管理平台主要有钉钉、一卡通、教务系统等，以便于学校管理者对学生和教师的教务管理。

其次，大数据的核心价值在于预测分析，数据的日渐积累让人类不断发现各种规律，从而能够预测未来。具体到教育领域，其发挥作用也是依靠其预测分析的功能。近年来，越来越多的网络在线教育和大规模开放式网络课程横空出世，在使用此类学习平台或系统时会存储到非常庞大的学习者的学习信息以及全过程学习数据，这使教育领域中的大数据获得了更为广阔的应用空间。在复杂的数据海洋中提取出有效信息，并利用此类信息进行预测是大数据技术的核心所在，这些信息包括学生高效学习的时间段、学生积极的学习习惯和思想方式，以及能够促进学生发展的评价体系等。这些预测的分析结果不仅能够有效帮助学生找到具有针对性且高效的学习方法，还可以帮助教师做出教学改进，为开展教学干预和教学决策而提供参考。

教育大数据作为社会大数据的一部分，除了具备大数据的一般特征之外，还有别于其他领域大数据的一些个性化特征，大数据时代的教育有以下几个显著特点：一是教育数据的时效性，传统情况下开展的教育评估，往往是对过去一个需要评估的周期内，通过人工方式进行数据采集，而在大数据时代，各种新技术的介入与应用，使得我们把对数据的即时采集变成现实。这为教育评估者带来了极大的便利，从而有效地保证了教育评估的时效性。二是教育数据的多维性，包括学生维度、教师维度、管理维度、学生维度，涉及课下、课上、在线学习，论文著作，科学研究，就业指导等大量非结构化数据。三是教育数据的可追溯性。比如一个学生考试成绩是 80 分，在传统教育模式中这只是一个"数字"，难以深究其背后的原因，如果把这 80 分背后的因素考虑进去，包括家庭情况、努力程度、智力水平、学习态度等因素联系在一起，"数字"变成了"数据"，具有追根求源的价值。

随着教育大数据的积累和数据挖掘、机器学习技术的快速发展，利用大数据记录学生的行为、了解学生的个性化需求、推荐个性化的学习内容、了解教师的教学行为、促进全面客观的教育评价等成为可能。可见，利用教育大数据，通过数据挖掘，为学习者的个性化发展提供有针对性的帮助和指导，使得个性化教育的实现不再是遥遥无期的愿景。

（二）大数据推动学生个性化学习

一个"一切都被记录，一切都被分析"的大数据时代的到来，极大地提高了人们选择自主学习方式的可能性，并有机会去发掘自身潜能来弥补缺点，提高自身的学习能力。大数据与传统数据相比，有着非结构化、分布式、数据量巨大、数据分析由专家层变化为用户层、大量采用可视化展现方法等特点，这些特点正好适应了个性化和人性化的学习变化。[1] 可见，学生在线上学习时会留下一连串的"数字足迹"，而这些"数字足迹"包括学生学习过程的活动数据和学习情况的评价数据。例如，通过数据可分析学生的线上课程浏览频次、搜索痕迹、课程选择以及视频观看的时间等行为活动数据，还可以获得学生课堂测评状况、课后作业完成程度以及学习质量等学习结果的评估数据。在大数据的驱动下，学习效率与效果得以准确分析，学习资源得以优化，学生选择最适合自身的个性化学习资源与策略，优化之后的学习活动。

　　Facebook 创始人马克·扎克伯格认为，个性化学习是目前许多教学问题的解决办法。数据对学生的行为数据加以采集、记录和分析，发掘每位学生的个性和天赋，并且着眼于学生的自我成长。通过追踪每一位学习者的行为足迹，发挥每个人的潜能、天赋基因，来实现人生真正的意义与价值。这也是在大数据时代下最需要的，培育具有个性化人才的重要途径。霍华德·加德纳多元智能理论认为，每个人由八种基本智能（语言智能、逻辑智能、音乐智能、运动智能、空间智能、人际智能、内省智能和自然智能）不同程度地组合在一起，而产生了个体差异。[2]（见图 6-1）

　　加德纳提出的多元智能理论阐述了不同学习者之间在智能的不同方面可能存在的差异，为学习者潜能的发展和评估提供了参考。学生在学习过程中除了存在智能方面的个体差异，还表现在个体特征的偏好，如认知风格、学习偏好、学习风格、思维风格、思考方式以及社会背景等，这种倾向又包括个人认知、情感、生理、心理和社会性等各方面的因素。因此，正是这种学习潜能与认知能力的差异性，要求教育工作者承认学习者的个体差异性，针对他们特有的兴趣、爱好、才能等个性特征，进行因材

　　① 魏忠：《大数据时代的教育革命》，载《江苏教育报》2014 年 8 月 6 日第 4 版。
　　② Gardner H. Frames of mind：the theory of multiple intelligences. New York：Basic Books，1983：386.

施教。

图 6-1　加德纳多元智能理论

　　过去，由于技术及人类大脑的储存容量限制，学生获取知识的信息源主要来自教师或者课本，信息更新缓慢。如今，在信息和智能时代，知识增长的速度加快，网络信息技术深深植根于社会并不断重塑着教育，学习资源呈现海量化、多样化的特征，而碎片化、爆炸式的学习资源会导致信息冗杂，学习者很难从中获得个性化学习的最佳资料。但是，在大数据技术与教育的融合下，借助大数据的收集和分析，不断改变和调整学习内容和策略，知识的获取到个性化处理，进而帮助学习者高效完成学习目标和规划，最后达到个性化的发展。

　　大数据技术除了可以记录学生的行为数据、了解学生的个性化需求、推荐个性化学习内容，还能促进全面发展的学习评价。伴随着工业社会到信息时代对人才能力需求的转变，学习评价标准将更多地着眼于学生的学习能力、创新能力、合作意识与批判性思维等整体综合能力。因此，教学评价体系应向过程性、多元性与发展性转变。第一，评价向过程性转变。大数据将重塑教育评价系统，将传统只关注考试成绩和名次的结果式评价转变为基于大数据的过程式评价，评价将渗透到学生的学习全过程，如学习态度程度、图书馆借书数据、平时表现等方面。第二，评价的多元性。教育评价对象不仅局限于学生，还包括教师、课程、学校等要素。大数据的数据储备和技术理念使实现包括学生评价、教师评价、学校评价、区域教育发展评价、课程等众多评价对象的综合评价模式成为可能。[①] 充分发挥评价主体的作用，使评价结果更为客观准确，激发学生的学习主动性。第三，评价的发展性。发展性评价是指通过数据采集评价信息和进行分析，对学生的学习情况和行为做出判断，实现其发展目标的过程。发展性评价主要起到评估诊断的作用，突出评价的过程，并关注学生的个性差异，因此，其往往要和学生的学习过程紧密结合，进行长期追踪研究。如北京、成都、深圳等地的中小学校，以发展性评价理念为指导，持续跟踪学生历次考试成绩，通过时间序列分析、聚类分析等手段，对学生的学习数据进行挖掘，构建学生的学科知识地图，进行学习风格和学习行为分析，最终完成对每个学生学习力的诊断。

总体来看，大数据将对传统教育形成革命性冲击，推动教育大数据的发展已经成为现代教育不可阻挡的趋势。在政策层面上，中国在 2017 年教育工作总体要求中提出要"构建网络化、数字化、个性化、终身化的教育体系"；在实际操作层面上，美国 K-12 教育（美国基础教育的统称）中以"深度个性化学习"为核心的 Altshool，便是充分运用基于数据捕获和分析以量化学生各项指标的个性化任务清单（playlist）以及追踪"任务清单"的数字平台 My Altshool 等工具来确定学生教学内容及教学进度，从而为学生提供最符合其个性与需求的学习方式。

---

① 张燕南、赵中建：《大数据时代思维方式对教育的启示》，载《教育发展研究》2013 年第 21 期，第 1-5 页。

三、数字孪生技术助力精准化、个性化教育

随着科学技术的发展，智能化浪潮席卷而来，人工智能、数字孪生与教育领域的深度融合，使教育迎来了新的一轮变革。在传统教学中，个性化学习的缺失主要是因为在大集体授课中容易忽视学习者的主体性、差异性和发展性。但现代科技的迅猛发展，为实现个性化学习创造了新的途径。

（一）数字孪生驱动下的教育

数字孪生主要涵盖在线学习分析技术、虚拟现实技术、人工智能技术及智能识别技术等，且在这些技术的支持下会形成在线学习平台、数字孪生教室、智能教育助理、数字孪生校园等。其中，有学者对数字孪生学习者的构建展开研究，数字孪生学习者是指在数智融合驱动下，以学习者为中心，为提升学习体验与效率，通过对学习者相关数据全方位、全周期地采集、处理、分析，基于学习者动态数据映射而镜像生成的虚拟孪生体。[1]

个性化教育涉及掌握学生的个性化需求、创建个性化教学环境、调整个性化指导方案等环节，因此教师应该合理地将数字孪生技术应用在这些环节。

首先，利用在线学习分析技术，精准把握学生个性化需求。个性化教育强调以学生为中心这一教育理念为核心，倡导满足学生的个性发展需求、挖掘学生的个性潜能，使其得到最大限度的个性成长与全面发展。但每位学生都是独一无二的，具有与众不同的个性，这对于教师想要根据学生的差异进行因材施教，是一个具有压力的话题。对此，要想达到个性化教育的目的，教师就有必要分析学生的学习优势与不足，了解并分析学生

---

① 艾兴、张玉：《从数字画像到数字孪生体：数智融合驱动下数字孪生学习者构建新探》，载《远程教育杂志》2021年第1期，第41-50页。

的个性化需求。实质上，了解并准确把握学生的个性化需求对教师来说并不是一件容易的事情，且耗时耗力，而有了数字孪生技术的支持，就能很好地解决这一问题。教师通过数字孪生学习者了解学生的学习进度、学习效果、学习风格，对学生出现频率较高的"共性问题"统一设计群组任务，对"个性问题"则针对性地提出个人任务。

除此之外，学生的全过程学习行为和学习结果等都会形成数据信息，因此教师可以在大数据、数字孪生技术的支持下，先在可穿戴设备、智能环境传感器等导出学习者的学习行为数据，在教务系统、学生档案的信息中导出学习者的基本信息数据，在学习平台、图书馆检索借阅系统中导出认知偏好数据，以及移动社交网络数据库中导出社交互动数据，再对平台上所集成的数据信息进行整理，然后挖掘提炼数据的价值，通过学习分析技术对学生进行整体分析以及学生间的个体差异特征分析，以便对学生进行"画像"，帮助教师快速获取学生的学习需求，从而在个性化教育中参考并应用。

在这一过程中，通过实时数据更新，对数字孪生学习者进行迭代优化，确保每一位学生"画像"的精准性，基于数据信息来预测学生未来发展趋势，并及时调整学习规划，利用个性化推荐算法为学习者规划个性化的学习路径。教师和学生还可通过数字孪生学习者进行自我反思和教学反思，实现师生异地同步交流，并不断更新个性化学习任务。这样，教师更为高效地掌握不同学生实际的学习状况和不同学习需求，及时地调整之后的教学重点与方法，进而实施个性化教育。

学习分析技术作为数字孪生的关键技术之一，其强调数据采集、诊断与预测，应用在大学生个性化教育过程中，能够帮助教师实时了解每位学生的信息，清楚学生的弱点及个性化需求。根据这一依据，教师就能够从学生的个体需求出发，有针对性地进行教学行为优化，从而促使学生实现个性化发展。

其次，运用数字孪生教室、在线学习平台构建个性化教学环境。在个性化教育中，面对学生多样化学习需求，如何避免一刀切，让不同学生都能得到充分发展需要相关教育工作者不断实践探索。每个学生都具有不同于他人的生活环境，其在特长、偏好、目标、知识水平等方面各不相同，且学生的学习行为是一个动态的过程，所以为了满足不同学生的发展需求，教师应该合理利用智能技术，加强对学生个性化学习的动态监控，并创建个性化的教学环境与教育管理，辅助学生进行个性化学习。数字孪生驱动下的智慧教室具有传统教室、虚拟现实教室无法比拟的优势，主要体现在其创建了一个几乎完全等同物理世界的虚拟空间，学习者所有的操作过程能够形象逼真地演示出来。新型的智慧教室正在逐步发展完善之中，且智慧教室中的各项教学设备都拥有非常强大的功能，如孪生课堂、孪生教师等都具备强大的互动交流性能，将之投射到各个地区，能够把优质的教育资源迅速、高效、低成本地辐射到边远贫困地区，不但能实现多人的远程在线授课，还能实现"一对一"的个性化实时交互课程。教师可结合实际的教学需求，最大限度地发挥虚拟环境的优势，提升个性化教学效果。

在此基础上，相关教育工作者应该运用数字孪生技术，创造适合学生发展需求的教学环境，支持学生根据自己的需求完成学习任务，教师给予实时指导，实现学生个性发展。具体来讲，就是在数字孪生教室硬件的支撑下，引入数字孪生智慧系统、沉浸式虚拟现实系统等，打造出全景孪生课堂，学生可以随时随地进行在线视频的学习；孪生仿真实训区或"孪生车间"，学生可以在虚拟模型上进行演练与实操，其仿真性、开放性、针对性、安全性为学生提供更大的容错性，还可直观呈现工作经验、工作流程等非具象化内容。利用孪生技术打造出适应不同教学需求的开放式"虚拟教学空间"，以符合不同学生的教育需求。

与此同时，教师以数字孪生为驱动打通教学资源渠道，为创建个性化教学环境提供资源支撑。例如，无边界课程，相关教育工作者在多种算法的辅助下，结合学校已有的微视频、校本课程、课件、题库等各种教学资源，通过智能在线学习平台等媒介，整合符合不同学生学习水平的教学资源，以适应学习者全方位、多尺度的个性化学习需求，从而提供更好的服务教学过程。还有学者对数字孪生图书馆的构建展开研究，试图通过数字孪生技术将图书馆的虚实空间有机衔接，在孪生数据驱动下对图书馆物理空间进行实时描述、诊断、预测、决策，构建与物理图书馆实体完全映射的数字孪生模型，实现"人—机—物—环境"智能交互融合下的图书馆精准化管理，为新时期图书馆满足用户个性化需求，提供实时交互、精准服务提供了更多可能。①

总之，教师利用数字孪生技术打造教学空间、教学资源，创造个性化教学环境，能够有效助力个性化教育活动的落实与开展，最大限度地精准服务学生，实现个性化成长。

最后，教师对数字孪生学习者进行评价反馈，调整个性化指导方案。在个性化教育过程中，学生作为独特具有个性的人参与学习活动，必然会产生一系列学习行为数据。运用数字孪生学习者的系统反馈能够全面收集这些行为数据，对学生进行精准的评价，从而让教师获得反馈，以便调整个性化指导方案。在实施过程中，需要构建基于数字孪生技术下智慧校园的学生综合评价系统。在该系统中，首先，它要求教师主动提升其信息素养、数据素养、智能素养，主动学习并掌握相关数字评价手段与工具，制定科学、详细的评价体系和具体评价内容，从知识、能力、过程、方法、情感等多方面对学生进行更全面的评价，从而生成关于每一个学生的评价结果。该评价结果不仅要呈现出每一个学生的动态发展过程，如学生某一阶段的学习情况、学习障碍、学业成绩等学业信息，还应呈现每一个学生参与学校活动、技能竞赛、图书借阅等历程，以及其在德、智、体、美、劳等方面的表现和取得的成果等，以便了解学生个性化发展中的优势和长处，科学地对每个学生的学习习惯、思想表现、学习状态等进行行为评价

---

① 赵艺扬：《数字孪生图书馆：基于数字孪生技术的新型智慧图书馆建设》，载《出版广角》2020年第10期，第79—81页。

与预警。

其次，教师可通过计算机视觉、图像识别、语音识别、智能算法等技术，对学习者的动态学习进行智能检测、智能诊断以及智能评估，评价指标转向动态性的综合评估，使评价更具精准化、科学化。还可以通过算法分析，预测学习者未来的学习趋势并提供个性化策略。在获得准确的反馈结果后，教师可借此分析个性化教育存在的问题，在孪生系统中模拟出最佳的个性化教学方案，进而帮助学生更好地发挥自己的潜能。在调整个性化指导方案过程中，教师要充分注重学生的个体差异性，对待所有学生不能一概而论，用统一的标准去衡量所有的学生。此外，学生和教师能够通过多种渠道，了解学生的学习情况，全方位做好教学衔接，将精细的服务贯穿于学习的全过程。

另外，教师在进行教学评价的过程中，还应合理运用学生综合评价系统。数字孪生技术支持下的智慧校园可统筹出不同维度的数据信息，每位学习者都会有相应的数字孪生体，以其为支撑的学生综合评价系统实时记录、分析和预测学生的身心变化和学习发展情况。因此，教师除了借此全面监测、诊断、评估学生，为调整个性化指导方案提供依据，还应时时注意学生的个人隐私，处处尊重学生的权利，维护学生的尊严，保护学生的自尊感、安全感，助力学生健康方面成长的意义非同小可。

(二) 自适应学习向智适应学习转变

在互联网、云计算、大数据等信息技术的支持下，自适应学习的出现打破了传统的学习方式，致力于为学习者带来更具个性化的学习体验，它贯彻"以学生为主体"的教育理念，让学习环境、学习内容、学习方式来满足每位学习者的个性特征，强调他们之间的差异，使每位学习者都可以得到个性化的发展与提高。因此，这是一种因人而异、特具个性的学习。但由于自适应学习的智能化程度较低，无法适应学习者日益提高的学习需求。于是，融合了人工智能、数字孪生等智能技术的智适应学习应运而生。它能满足学生各个阶段的学习需要，且能够精准地检测学习者对知识点的熟悉程度以及精准地推送学习资源来弥补自适应学习的缺点。可见，自适应学习可以为学生带来初级的个性化学习体验，而智适应学习能够提供更加智能化、精准化的学习方式。

自适应学习和智适应学习都是教育智能化发展的必经阶段。自适应学习是在大数据技术的支撑下，将教育实现从"经验主义"向"数据主义"转变，传统教学主要依赖教师经验进行教学设计，此时，教学经验成为一种教学依据，能够帮助教师迅速分析学生学情来设计适合的教学活动。而在大数据加持下的自适应学习系统，能够收集学生在学习过程中的行为数据，通过对学习行为历史数据的研究分析，对学生的学习兴趣、知识能力、学习风格、学习进度等做出分析和评估，发挥学习过程追踪与推送等服务功能，为学习者提供个性化的学习计划。因此，大数据技术支持下的自适应学习系统改变了以往只凭经验的教育决策和只凭印象的教育评价。

智适应学习继承并发展了自适应学习，是对自适应学习的一次优化升级，它将推动教育从以往的"数据主义"向"智能主义"转变，提供符合智能化时代所需的高度精准化、个性化的学习方式。所谓的智能适应学习，就是通过算法，将获取的学生现有的学习状态和知识水平等数据进行分析，并反馈给已有的知识图谱，为学生智能推送个性化难度的课程、习题等，从而提高学习者的学习效率和学习效果，以满足学生的个性化学习的学习理念。自适应学习一般是指利用现代信息技术对学生在自主学习的过程中产生的数据进行采集及分析，从而构建学习模型来解决以往教学过程中忽视个体差异性的问题。随着现代智能技术的高速发展，智能化应用与自适应学习领域的结合，使得智能技术和自适应学习之间的联系更加紧密，因此，智适应学习强调利用多种现代智能技术来实现个性化教育教学。

智适应学习系统就是根据每位学习者各自的学习强项和弱点，"私人定制"学习方法和学习课程，利用智能技术实现一切以学生为中心的教学模式。这套系统融合了当前较为主流的人工智能学习和算法，它会根据学生学习时的应答与反馈，利用数字孪生技术精准评估学生对学科知识的学习情况，高度细分知识点，判断学生的掌握程度，智适应学习系统实时更新，动态定制最适合学生的学习内容与方式。首先，通过数字孪生技术构建物理世界中教育主体相应的虚拟实体，即数字孪生体，实现学习者的数字化建模和实时交互信息数据等步骤，在学习者的数字模型上，利用仿真、云计算、大数据、人工智能等领域的相关算法，可以分析和预测学生特点，给每位学生提供精准的学习服务，以满足学习者真实需求的智适应学习。随着时间的推移和积累，该系统对学生的学情判断会更加精准化，为学生定制的个性化学习方案越来越精准。总的来说，智适应学习系统旨在利用智能技术助力学习者的自适应学习。

数字孪生驱动下的个性化教育，智能化知识图谱的深度与广度是判断该学习方式优劣最重要的标尺之一。其个性化学习实施的第一步是诊断，也就是评估并精准定位出薄弱知识点等关键信息，这对知识图谱构建的要求极高，决定了此方法能否为学习者提供个性化的智能教学。知识图谱是人工智能的重要分支技术，它的主要功能就是描述物理世界中的概念或理念之间的相互关系，用符号形式做出更加清晰准确的说明。另外，知识点图谱还可作为结构图对某一具体的知识点系统进行详细描述，通过科学计算可视化的方法，利用直线、树状结构和网状关系模型这三个比较常见的结构模式，对整个知识点中各方面的主要问题和它们之间具有的关系，加以可视化描述。①

其中，线性关系模式的图像是平面上的一条直线，强调了两个知识点之间的线性关系和层次关系，该模式可以帮助学生迅速发现所掌握的知识点并强化记忆。树状关系模型采用树形框架来表示各知识点之间的层次联系，也能展现出知识的分支关系，该模型更加简单、清晰，很容易看到各

---

① 杨洋：《人工智能技术的发展及其在教学中的应用》，载《软件导刊·教育技术》2018 年第 7 期，第 2 页。

知识之间的关系，有利于学生在学习过程中对相关问题进行全面分析。网状关系模型可以看作知识间的一种扩展，也是一种可以灵活地描述各知识点及其之间关系的网状模型，学生通过此模型能对某一知识点的问题进行分析，多方面判断问题出现的原因，从而提出有针对性的解决方案。在数字孪生技术的加持下，数字化知识图谱更加精准化并获得更广泛的应用，通过对学生知识背景的了解和个人偏好的掌握，该图谱不但可以直观展现各种知识之间的联系，还可以为学习者提供各种学习方法以及推荐个性化的学习资源。

总之，定制化的课程满足了不同学生对学习的需求，多样化的算法为刻画学生画像提供了技术支撑，精准化的数据给予实时反馈。数字孪生驱动下的智适应学习模式，贯彻了因材施教的教育理念，将学生个性化学习的实现发挥得淋漓尽致。

第七章

数字孪生与跨学科整合教育

当今时代，科学技术既高度分化又高度综合，对跨学科整合教育提出了新的要求，尤其是 STEM 教育已引起了各国的高度重视。STEM 即科学（science）、技术（technology）、工程（engineering）和数学（mathematics）四门学科的英文首字母缩写，强调跨学科的交叉融合。STEM 教育是当今时代下全新的教育范式，以培养具有善于质疑、勇于实践和敢于创新的学习品质，以及具有跨学科知识素养和解决真实问题能力的人才为根本目标，已经成为各国教育领域的重要发展战略。[①] 数字孪生作为未来教育中极具发展潜能的技术，有望推动跨学科整合型教育发展实现质的伟大飞跃，推动 STEM 教育实现升级和完善，形成深度沉浸的体验性学习过程，助力创客教育的发展。

一、跨学科整合型课程

"互联网+"时代是互联网思维的进一步实践结果，它代表一种先进的生产力，为变革、发展、技术创新带来广阔的平台。这个时代有六大特征，表现为"跨界融合、创新驱动、重塑结构、尊重人性、开放生态、连接一切"。由于移动互联网、大数据、云计算、物联网与人工智能、数字

---

① 秦瑾若、傅钢善：《STEM 教育：基于真实问题情景的跨学科式教育》，载《中国电化教育》2017 年第 4 期，第 67—74 页。

孪生、元宇宙等新技术、新产业、新业态、新模式的出现，各行各业正在以互联网为平台开展融合创新，科技进程从高度分化迈向高度融合，催生了对跨学科整合教育的迫切需求。各学科间相互渗透和融通，使知识形成了一套完整的系统，打破以往只重视知识分科化而忽视知识系统化、结构化的局面。跨学科课程的设计与实施是科学技术发展的必然要求。当前各国教育改革，无不把跨学科课程作为改革的重要一环。

跨学科整合课程将使学科发展逐渐走向交叉整合、使分科化的知识逐渐转向综合化的知识，助力通识人才的培养。

课程整合是现代课程设计领域出现的新发展趋势，也是当前我国基础教育课程改革的重要内容之一。我国在 2001 年的《基础教育课程改革纲要（试行）》（教基〔2001〕17 号）中提出了具体目标："改变课程结构过于强调学科本位、科目过多和缺乏整合的现状，整体设置九年一贯的课程门类和课时比例，并设置综合课程，以适应不同地区和学生发展的需求，体现课程结构的均衡性、综合性和选择性。"在这种形势下，要求基础教育阶段的课程设计要采用多学科课程整合学习，把学生从单一的书本世界和封闭的知识体系中解放出来，让学生感受到知识间的整体性。

跨学科可理解为跨越各个学科界限之意。《英华大辞典》对"跨学科"一词的解释："涉及两种以上训练的；涉及两门以上学科的。"由于跨学科课程整合目前缺乏一致的概念，根据学界普遍认同的跨学科课程整合概念，抽取出其基本特征：跨学科课程内容应和学生的经验、社会生活整合，来分析与处理现实问题；跨学科课程内容要突破单一学科的边界，探寻不同领域的内在联系，并着眼于复杂问题的全面认识与解决；跨学科课程内容包含多元的、综合的研究方法与思维模式，针对特定的知识来选择并设计最适宜的学习方式。

目前，绝大部分学校的课程体制仍然是以学科为中心的分科课程，每门学科的课程大致是按照学科的知识体系与逻辑构建内容，学生确实可以将学科知识的基础学牢固，但在分科课程学习中，知识是被分离、肢解的, 不利于知识点之间的交叉融会贯通, 容易出现知识与现实生活的脱节。在学生学习过程中, 若学科过于割裂, 而不是真实情景的完整的问题, 就会导致学生难以融会贯通, 形成局部、割裂的事实判断, 同时阻碍学生的创造性思维的发展。这时, 跨学科整合的优势就显示出来了, 同时这也是学科发展、知识生产、人才培养的必然要求。

首先, 学科发展逐渐走向交叉整合。回溯历史, 知识的发展大致经历了"综合—分化—再综合"这三个阶段。最初, 知识呈现为原始状态的统一, 知识是一个整体。人们为了便于对知识的认知, 将它们形成独立的科目并对知识整体进行分解, 这个过程就是各门学科不断形成的原因, 比如物理学、化学、生物学、心理学、社会学等。在科技发展的推动下, 学科内部的分化更为精细。随着科技革命与知识经济时代的到来, 学科之间的边界正日渐模糊, 知识的生长与发展开始与其他学科相结合, 致使知识被不断重新整合, "知识越界"已经难以避免。

其次, 以问题为导向的知识生产, 使分科化的知识逐渐转向综合化的知识。由于现实社会问题的综合性与复杂性, 跨学科研究和教育成为社会发展的需求。任何一门学科有关于人类发展的问题, 都会带来一场跨学科的对话。比如, 关于"地球水资源"这个话题, 不同学科的教师在授课时会从不同角度去讲解: 物理教师会讲解水的三态变化, 化学教师会讲解水的合成与分解, 生物教师会讲解水对于生物体的巨大作用以及蒸腾作用, 地理教师会介绍水在地球系统中的分布和重要作用, 语文教师会介绍与水有关的诗词、散文和相关文化知识, 等等。当出现人类共同的社会问题时, 则需要各个学科间的知识共同来寻找解决问题的方案, 比如, 围绕水这个课题, 可以探讨水资源的研究与管理, 水与社会、经济的相互作用, 水与生命的关系, 水污染及其治理, 等等。这种以问题为导向的知识生产途径, 融合了不同学科的范式, 从多方位的视角展开对同一问题的研究。因此加强各学科间的整合, 汇聚各学科人才交流合作, 探索新的研究领域。

最后，跨学科教育助力通识人才的培养。对于人才的培养，一直存在"专才"与"通才"之争。"专才"的培养方式就是专业教育，目标是培养在某一专业领域具有胜人一筹的特殊技能的高级专门人才，例如律师、医生和教师等职业人才。与专业教育相对的是通识教育，其目标是培养全面发展和"完整的人"，即具备远大目标、通融识见的人，所提倡的是自由、独立、追求卓越等精神。从人的发展角度看，单一的专业化的知识教育体系与学生作为一个"完整的人"的全面发展需求之间的矛盾日益凸显。复合型人才、"通才"培养的主张纷纷提出，这些主张更多地关注人的个性和优势，强调充分体现人的价值。

我们不妨以我国的语言学跨学科教育研究为例，来探讨跨学科整合教育的意义与作用。随着2018年教育部提出既要探索交叉融合的新专业、新方向又要探索人才培养、科学研究、社会服务、国际合作等新思路的新文科发展战略，大力倡导人文社会科学内部以及人文社会科学与自然科学之间的交叉与融合，我国的语言学跨学科研究的发展契机也随之凸显，外语学科与其他不同领域学科之间的融合交叉逐渐上升为学科发展的必然趋势之一。

语言学的跨学科教育研究的内容不仅涉及分支学科的交叉融合，而且需要更深层次地挖掘语言学内部的有机联系，甚至还要深究与自然科学和社会科学的跨学科融合。同时，语言学跨学科融合的方式也应相应地增多，如通过线上线下有机联合，开发混合式的跨学科课程模式，打造语言学本位基础课程与跨学科课程的联合课程，建立健全的教材数据库、语料资源库等。此外，语言学跨学科的边界和领域在随着人工智能、大数据、数字孪生、元宇宙等先进技术的不断兴起而不断拓宽。如语言服务涵盖了语言经济学、语言数据挖掘与分析等与教育学、计算机、人工智能等领域的交叉融合，充分发挥语言学本身的鲜明特色和学科优势的同时，又能与相邻学科、关联学科协同融合形成能够发挥同向作用的教育合力，帮助解决国家和民族当下面临的严峻问题，培养具有综合型能力与优势的未来人才。

语言学跨学科教育研究具有十分重大的价值与意义。首先，语言学跨学科教育研究的开展能够迅速号召和聚集国内专业的高质量高层次人才和研究学者，并为其提供优质的学术交流平台，以便其及时了解最新的语言学学术动向，扩宽研究视野，促进沟通合作，激发创新灵感。其次，语言学跨学科教育研究的开展有助于将目前我国语言学中出现的重大问题进行"抽丝剥茧"和归纳总结，进而开展针对性的科研课题并输出高质量的和具备科研影响力的学术成果。再次，语言学跨学科教育研究的开展有助于推动我国语言学研究跟上时代发展步伐，在大数据和互联网技术利用、人工智能开发等方面回应国家发展战略需求，为国家的现代化建设做出积极贡献。[①] 最后，语言学跨学科教育研究的开展有助于加强国际间的跨学科学术交流，促进我国先进的跨学科理念和成果走出国门，为全球教育领域献出中国智慧和中国方案。

值得注意的是，在跨学科整合过程中，不少人很容易将多学科与跨学科混在一起。多学科通常将各种学科知识融合起来，学科之间并无明显的联系。多学科课程就像是一盘水果沙拉，不同种类的水果被沙拉酱混合在一起。跨学科则要求有真正意义上的整合，同时课题需要具体明确。因此，真正的跨学科并非单纯地将两门或几门课程黏在一起形成一个"新产品"，而是在实际情境中提炼出跨学科课程相关理论的研究视角，从而融合生成新的课程。因此，在跨学科整合课程下，单一学科不再是课程的组织中心，而是变为社会生活中的实际问题，学科内容被融入单元或课题中，成为服务于解决实际问题的主要内容，解决问题所需要的知识与技能、情感态度以及相应的高阶思维成为课程关注的重点，在整合课程过程中非常重视学生自主性的发挥以及课程与真实情境的联系。

课程整合作为一种课程设计的方式，并不是固定的，而是多样化的。

---

① 戴炜栋、胡壮麟、王初明等：《新文科背景下的语言学跨学科发展》，载《外语界》2020年第4期，第2-9、27页。

因此，课程整合的实施也是具有多样化的，学校或教师应根据自身的实际情况，在理念支持下去选择和创造合适的整合模式。学习方式也是课程整合的一个关键因素。不同类型的知识内容和课程需要有不同的学习活动方式，整合的课程同时需要有整合学习的方法。但学习方法的整合与多样性，并不代表着每节课、每门课程内容都要牵强地追求学习方式的多样化，而是针对学习者的特点及特定的课程内容来设计有助于学习者发展的学习方式。

二、STEM 教育及其发展

随着社会各行各业对人才供给的整体质量要求的不断提高，STEM 教育已经成为全球教育专家和研究学者们关注的热门话题。《2015 年地平线报告》（基础教育版）指出，未来的1～2 年内，STEM 教育将会成为驱动学校教育技术应用的关键因素，并在全球范围兴起与推广。[①] 饮水思源，只有了解清楚 STEM 教育的发展历程和科学内涵，才能真正地不断推进 STEM 教育的升级和完善，使其真正助力教育发展，培养未来社会所需要的高质量人才。

虽然科学、技术、工程和数学之间是相互独立的，但是 STEM 教育并不是这四门学科的简单叠加，而是要将四门学科的核心内容有机融合，它们之间存在着一种相互支撑、相互补充、共同发展的关系。生产和生活中的大多数问题都需要应用多种学科的知识来解决，因此 STEM 教育的目的就在于提高学习者的 STEM 素养，即综合应用科学、技术、工程和数学等相关领域知识解决实际问题的能力。实际上，也只有在学科的交互中，在相互的碰撞中，才能实现深层次的学习和理解性学习，才能不断提升解决实际问题的能力。

---

① Johnson L, Adams Becker S, Estradar V, et al. NMC horizon report: 2015 K - 12 edition. Austin, Texas: The New Media Consortium, 2015.

STEM 教育发端于美国，是一种以培养学生工程创新能力为目标，以学科整合为基本特征来解决科学与人文的割裂问题的理念运动。在 20 世纪上半叶，随着科学的迅猛发展，科学是解决物质世界各种问题的可靠工具，乃社会繁荣进步的不竭动力，人们认为科学是无所不能的。随着科学知识体系的逐渐完善，科技和工程给生活带来了翻天覆地的变化，因此，技术素养受到公众的重视。早在 1986 年，美国国家科学委员会（NSB）发布了《本科的科学、数学和工程教育》报告，首次明确提出"科学、数学、工程和技术集成"的指导纲领性建议，被视为 STEM 教育集成的开端，从此 STEM 教育成为美国社会各界所关心的教育改革话题。①

美国总统奥巴马执政之初，便签署了《2015 年 STEM 教育预算》，增加人力、物力和财力的投入，并支持将 STEM 教育写进法案。奥巴马在白宫先后宣布启动"竞争卓越计划""为创新而教计划"以及"新科技教育十年计划"等，不断加大对美国学生在科学和数学方面的关注度与支持力度。值得注意的是，美国政府在推动 STEM 教育发展的进程中并非仅仅依靠学校推动，而是力图发动整个社会尤其是商界的力量来共同推动。正如奥巴马所说的："国家的成功取决于美国在世界创新中的作用，所有首席执行官都应该知道公司的未来取决于下一代员工的创新能力，而这又取决于今天我们怎么教育学生，尤其是在 STEM 方面。我们的成功不能单靠政府的支撑，还要依赖于教师、家长、企业、非营利机构和更广泛的社区等。"②

盖茨基金会和纽约卡内基公司支持 100 多位企业 CEO 创建名叫"变革方程"的公益组织。变革方程旨在改善学生的 STEM 学习质量和激发学生的创新精神，商界精英和社会名流通过利用资金、独特的资源和影响力致

---

① 钟柏昌、张丽芳：《美国 STEM 教育变革中"变革方程"的作用及其启示》，载《中国电化教育》2014 年第 4 期，第 18-24、86 页。

② Sabochik K. Changing the equation in STEM education. http：//www. whitehouse. gov/blog/2010/09/16/changingequation-stem-education，2014-01-17.

力于促进 STEM 公益教育事业。例如，2012 年夏天，变革方程和 E-Line
媒体公司共同推出了一款在线游戏——《离子未来》①，提供给初高中学生
免费学习，以帮助他们打牢更扎实的 STEM 基础，提高他们的想象力和创
新能力。2016 年 9 月，美国教育部与美国研究所联合发布《STEM 2026：
STEM 教育中的创新愿景》报告，明确指出 STEM 教育未来十年的发展方
向以及存在的八大挑战。② 在经济全球化、世界多极化的背景下，科学技
术领域的发展是提升国家国际竞争力与综合实力的决定性因素，科技创新
人才则成为国家经济实力和科技实力的重要体现。因此，进入 21 世纪后，
越来越多的国家开始投入 STEM 教育改革浪潮，从中可以看出各国对
STEM 教育的关注程度，也可以预见 STEM 教育是未来较为热门的新型教
育方式。

美国亚利桑那州立大学发动了名为火星教育项目的跨学科整合型
STEM 课程，将 STEM 教育理念变为现实。该项目充分照顾到学生不断深
入、螺旋上升的认知发展水平和特点并以此作为依据为每一位学生制定个
性化的教学目标和开设对应的教学活动方案，以"概念建模""工程"
"我们如何探索""科学研究"为课程的基本内容，积极创造条件并鼓励教
育者和教育对象透过真实或人工虚拟的场景中沉浸式地参与到美国宇航局
超前的科研工作与专业的工程技术之中，致力于培养 STEM 课程突出的科
学、技术、工程、数学等核心能力，充分体现了该课程的真实性、实践
性、探究性。

STEM 课程在教学策略方面，具有基于 5E 教学模式注重学生活动体验
（5E 教学模式是目前科学教育中常用的一种教学模式，它将教与学的过程
划分为五个环节：参与、探索、解释、迁移和评估）、以真实问题为载体
实现跨学科整合、采用基于问题和项目的学习方式、提供丰富的学习支架

---

① iON Future, http：// ionfuture. org.
② 金慧、胡盈滢：《以 STEM 教育创新引领教育未来——美国〈STEM 2026：STEM 教育创
新愿景〉报告的解读与启示》，载《远程教育杂志》2017 年第 1 期，第 17–25 页。

促进深度学习、将 STEM 素养培养目标落实到具体教学活动中的特点；在课程开发策略方面，具有高校与社会科研机构合作开发、学习成果与国家课程标准和 21 世纪技能相对应、基于安德森教育目标分类学确定教学目标、课程教学活动设计方案翔实可操作、整合多种真实科研资源支持课程实施等特点。[①] 可以说，该跨学科整合型课程一方面以学生发展为导向，能够充分尊重学生的主体地位、课程体验、日常生活，注重培养学生的问题解决能力；另一方面统筹教学活动全因素、全过程，凝聚高校与科研机构的科研能力与合作关系、紧扣时代要求与课程标准，科学设计教学目标、灵活安排教学活动方案、集齐多种有效资源。基于此，火星教育项目的跨学科整合型课程从根源上打破了以往的学科机械整合和缺乏真正关联的僵局，加强了学科之间的内部联系，真正做到了课程内容、学生能力、科学技能、国家标准的有机整合并发挥实效。此外，火星教育项目的教学实施方式能够为我国的跨学科整合型课程提供改革方向和现实道路，对我国的 STEM 课程开发和落实具有极强的启发和借鉴作用。譬如，通过国家顶层设计颁布相关的法律、法规、政策来为 STEM 教育提供政策支持和政府引领，助力 STEM 课程构建教育共同体，发挥优化组合和"1+1>2"的作用；想方设法完善跨学科整合型 STEM 课程的课程方案、课程标准和教材，培养 STEM 教育教学的专业素养和能力；深度开发 STEM 教育的理论体系，为 STEM 教育实施提供有价值的指导；大力推广 STEM 教育理念，使得 STEM 教育更快地渗透社会和生活的每一处角度，提高 STEM 教育的接受程度和应用范围。

与此同时，我国也在制定相关措施，积极促进 STEM 教育的开展。在 2016 年 6 月，我国教育部发布的《教育信息化"十三五"规划》文件，明确提出要着重提高学生的创新能力，积极探索 STEM 教育在跨学科教育

---

① 杨彦军、饶菲菲：《跨学科整合型 STEM 课程开发案例研究及启示——以美国火星教育项目 STEM 课程为例》，载《电化教育研究》2019 年第 2 期，第 113-122 页。

中的模式。① 2017 年，中国教育科学研究院发布《中国 STEM 教育白皮书（精华版）》，并启动"中国 STEM 教育 2029 创新行动计划"②，标志着中国将 STEM 教育提到了新的高度。2019 年，教育部发布的《关于实施全国中小学教师信息技术应用能力提升工程 2.0 的意见》指出探索跨学科课程等教育教学新模式，并把促进教师跨学科教学能力提升作为重点措施之一。

北京师范大学教育技术学院的余胜泉教授在《STEM 教育理念与跨学科整合模式》一文中将 STEM 教育归结为九大核心理念：跨学科、趣味性、体验性、情境性、协作性、设计性、艺术性、实证性、技术增强性。

第一，跨学科。跨学科意味着教育工作者在 STEM 教育中，不再将重点放在某个特定学科或者过于关注学科界限，而是将重心放在特定问题上，强调利用科学、技术、工程或数学等学科相互关联的知识解决问题，实现跨越学科界限、从多学科知识综合应用的角度提高学生解决实际问题的能力的教育目标。③

第二，趣味性。与传统教育不同的是，STEM 教育十分强调教学内容和教学形式的快乐感、成就感、趣味性。目前国外已经出现了将 STEM 教育内容游戏化的实例，即将教育内容融入学生感兴趣的游戏当中，将合适的教育内容巧妙地转化为游戏的形式。

第三，体验性。STEM 教育包含了课程标准所设定的抽象知识外，还十分突出学生的实践体验，积极地为学生的动手操作、积极思考、切身参与教学活动创造机会。如学生在搭建汽车模型的过程中，能够更加深刻地理解相关的概念和原理，而且在项目的设计和实践中体会到知识的重要性。

---

① 教育部：《教育信息化"十三五"规划》，http://www.moe.gov.cn/srcsite/A16/s3342/201606/t20160622_269367.html。

② 中国教育科学研究院：《中国 STEM 教育白皮书（精华版）》，http://www.360doc.com/content/17/0620/09/31390495_664984559.shtml。

③ 余胜泉、胡翔：《STEM 教育理念与跨学科整合模式》，载《开放教育研究》2015 年第 4 期，第 13-22 页。

第四，情境性。在 STEM 教育中，理论知识并非与实践相互平行，而是交叉融合的。学生在此教育过程中紧密联系各个学科知识，并结合在生活中所习得的经验，创造性地解决现实中的问题，真实提升自身的专业素养。

第五，协作性。STEM 教育充分重视学生的沟通合作、互帮互助能力和群体意识和团队凝聚力，而并非强调个人的特立独行。如合作学习强调以小组的整体表现与各成员的具体表现作为评价依据的教学评价标准就能很好地体现协作性的教育理念。

第六，设计性。STEM 教育强调学生要有切切实实的学习成果的输出，通过最终的作品来衡量学习成效以及学生是否习得某种能力，并以此激发学生的学习动机，使学生对学习永葆热情和好奇。

第七，艺术性。STEM 教育非常重视人文科学、社会科学与科学、技术、工程、数学之间的交叉融合，从而使得 STEM 教育模式不再抽象和晦涩，更好地联系生活实际，将所学知识更加牢固地烙印在脑海当中。

第八，实证性。STEM 教育是十分推崇严谨的客观规律与科学精神的教育模式，其坚决杜绝思辨性的教育理念，学生在实践过程中必须基于客观存在的真理和规律，发现问题并提出假设，最后验证假设和得到结论。

第九，技术增强性。随着各种先进技术不断向前发展，技术已经逐渐进入教育领域并日渐成为学生发展自身认知能力的工具和渠道，在 STEM 教育中也不例外。STEM 教育各个环节基本上都涉及科学技术的使用，以帮助学生应对错综复杂的信息与问题。

目前，跨学科整合教育在我国也开始出现具体的学习设计方案。上海市教育科学研究院普通教育研究所的夏雪梅认为，学生在学科课程中习得学科的能力，但是这种能力不应该只在这门课程中才有运用价值，不应该只在考试中才有价值，而应该成为自己在未来解决更复杂的跨学科的真实问题的基础。[①] 2018 年，夏雪梅在《人民教育》期刊上发表了《学科项目

---

① 夏雪梅：《学科项目化学习设计：融通学科素养和跨学科素养》，载《人民教育》2018 年第 1 期，第 61-66 页。

化学习设计：融通学科素养和跨学科素养》一文，详细论述了在学科中进行项目化学习的可行性，并提出同时注重学生关键概念或能力与高阶思维、批判性思维以及合作探究能力的养成的双线设计，最终针对我们跨学科整合教育的实际现状给出本土化的现实路径。

第一，总结学生共性问题并将其转化为学习内容。项目化学习在根据课程标准编排学习内容的基础上，还特别重视将学生在学习过程中所提出的有代表性和价值性的问题作为学习的重点和难点并将其进行转化，以特定的形式将学生遇到的真实难题呈现出来，并通过教师引导学生逐一攻破和解开学生疑惑。

第二，克服信息"孤岛"现象，打通关键知识网，培养创造性、批判性解决问题的能力，提升项目化学习的学习质量。在此学习过程中，学生所接收和获取到的知识与资源来自四面八方，学生须"亲历亲为"地投入到思考过程中，通过对资源和信息进行系统性、可靠性的对比分析来获取真实、有效、及时的信息。在此过程中，学生的批判性思维和创造性思维得到了有效迸发。

第三，强调学科关键知识在综合情境和多学科情境中的实践与应用。学生学习知识的目的是能够运用知识去认识世界、改造世界甚至是创造世界，而并非只是将所学知识单一地应用于某一领域或情境。因此，项目化学习须致力于将同一概念或原理置于各式各样的实际情境中，帮助学生形成对该概念在不同情况下的不同理解。譬如，将特定的学科知识"归还"到相应的历史背景之中以便学生更深层地认知和探究该知识的发展历程、思维方式；将关键知识"投射"到现实生活和现实社会的真实情境中，帮助学生加强理论与实践之间的联系，深度理解学科知识点之间的交织作用和内在联系；将某个关键知识"放还"到应用这个知识可以产生艺术美感的作品或艺术场景中，制作可以体现这一知识的艺术品，艺术情境能够增强学生的设计、想象、直觉等创造性、批判性思维。①

————————

① 夏雪梅：《学科项目化学习设计：融通学科素养和跨学科素养》，载《人民教育》2018年第1期，第61—66页。

可见，基于学科的项目化学习能够使学生在学习领域中的传统学习方式发生实质性和根本性的颠覆和变化，同时提高了个性化学习或探究性学习的学习质量，充分调动学生参与教学活动的积极性和创造性思维，使学生明确自己到底在此课堂上收获了什么知识，增长了什么技能，提升了什么素养。随着上述教学效果的达成，教师队伍中可能存在的"重智轻能""重知识轻道德"和学生中拼尽全力、循环往复地进行学科作业训练和考试考核的矛盾现象也就随之有效化解。

三、数字孪生技术支持下的跨学科整合型教育

数字孪生具有高保真、友好交互、虚实共生和深度洞见等典型特征，这为跨学科整合型教育的理论升华与实践操作提供了有力的支持。具体而言，数字孪生时代的到来为我国 STEM 教育、创客教育、学生高阶思维培养以及未来教育发展提供了新契机，数字孪生加持下的 STEM 教育将"如虎添翼"，更好地将跨学科的教育理念落到实处，使科学、技术、工程、数学实现深度的交叉融合，并为创客教育提供虚实共生的创客活动空间、多元评价体系、海量化与针对性的资源库以及人机交互、人与环境互动的桥梁，推进创客教育产生质的变化。

第一，数字孪生支持下的 STEM 教育。STEM 教育的实质是利用科学、技术、工程或数学等学科的内在联系开发新课程的教学形式，实现跨越学科界、从多学科知识的综合应用去解决问题的理念，其最关键、最具代表性的理念便是教育整合。这个理念也决定了跨学科课程整合是 STEM 教育的核心特征。跨学科意味着在 STEM 课程中，学习者不再将学习重点放在某个特定学科或者过于关注学科边界，而是要模糊化界限，加强四门学科间的相互配合以解决实际问题，从而培养学习者的 STEM 素养。

从教育目标看，STEM 教育的基本目标是培养学生的 STEM 素养。美国州长协会（National Governors Association）在 2007 年颁布的《创新美国：

拟定科学、技术、工程与数学议程》(*Innovation America : Building a Science , Technology , Engineering and Math Agenda*) 共同纲领中指出，只有具备 STEM 素养的人才能在激烈竞争的社会中取得先机，赢得胜利。[①] 可见，STEM 素养包含科学素养、技术素养、工程素养和数学素养，但并不是它们之间的简单叠加，而是将四门学科集合在一起，形成一个紧密且有序的知识体系，以及运用相关知识解决现实世界中实际问题的综合能力。

对于 STEM 教育的整合课程，赫希巴奇（Herschbach）提出了两种基本跨学科课程整合模式，即相关课程（the correlated curriculum）模式和广域课程（the broad fields curriculum）模式。[②] 相关课程模式是指将在一些主题或观点上相同的两种或两种以上学科整合起来，强调各课程与内容之间的联系，同时又维持各学科原来的历史状态。例如，在语文与历史、历史与地理、数学与物理等相邻学科之间确定学科联系点，使各学科间保持密切的横向联系。广域课程模式则是指将所有学科知识融入一个新的知识领域，取消了学科界限，并建立涵盖整个知识领域的课程体系，是一种较为综合化的课程组织模式。在课程开发实践中，围绕某个课题核心，通过活动形成连贯、有组织的课程结构，将各个分支学科组织成一门"后设学科"（meta discipline），即该学科的建立是基于和其他学科的融合所形成的一门新课程。例如，社会研究课程整合了历史、地理、经济社会学、政治学、法学和人类学等相关学科知识。相对而言，该课程模式通过全面的教学设计，打破现有的课程教学的学科界限与壁垒，帮助学习者在实际情景中掌握各学科知识。但对于如何平衡各学科间的内容，STEM 课程跨学科整合模式给予回答，要求四门学科在学习过程中必须紧密结合，以整合的方式促进学生掌握专业知识与技能，并利用知识解决真实世界中的问题。

---

① 秦炜炜：《全球化时代美国教育的 STEM 战略》，载《教育技术资讯》2007 年第 10 期，第 10-12 页。

② Herschbach D R. The stem initiative : constraints and challenges. Journal of Stem Teacher Education, 2011, 48 (1) : 96-122.

　　STEM 跨学科整合最核心、最关键的内容是项目或问题的设计，设计型学习作为一种具体的探究型学习模式，以项目问题为导向，以真实生活为情境，成为实现 STEM 教育理念"落地"的有效路径。如果缺乏良好的结构化项目设计，则容易出现学习困难、学习效率不高、挫折感强、学习收获不大等一系列问题。STEM 项目设计强调学习者主动积极利用各学科的理论知识，经过多次探究、设计解决方案来应对真实世界的挑战，以提高学习者处理实际问题与协同研究的能力。

　　《地平线 2017 报告：高等教育领域 Edtech 应用的 6 个关键趋势和 6 个主要挑战》预测，人工智能和"下一代"虚拟环境（VLEs）的实用化将作为两个重要的技术发展，对我国的教育产生重大影响。同时，报告中指出人工智能具有"增强在线学习、自适应学习和研究过程的能力，能够更直观地响应并改进与学生交流的方式"。[①] STEM 教育鼓励学生的科学探索与交流协作，这与人工智能的应用理念相吻合。人工智能技术和数字孪生技术的加持有助于实现 STEM 教育在跨学科之间的深度整合。

　　STEM 教育是科学、技术、工程和数学的有机整合，其中包含了技术这一学科领域。一方面，学习者在 STEM 教学过程中掌握技术的发展历史及新兴技术的应用等有关基础知识。另一方面，技术能够为 STEM 教学中的教与学活动提供更多的学习工具与环境，从而提高 STEM 教学的效果。而数字孪生技术作为促进学科有效融合的外部支撑，是推动 STEM 教育理念高效落实的动力。

　　通过数字孪生技术创建的虚拟情境，STEM 教育的跨学科整合学习能够创建具有个性化、灵活化的活动形式，帮助学生实现跨学科问题解决与高阶思维的培养。首先，数字孪生技术助力创建智能场景，为学生呈现真实的问题情景。其次，以完整的学习过程为导向的迭代循环，遵循"发现—构思—实施—评价"基本环节，学习小组在交流讨论中，利用数字孪生技术拓宽学科融合的知识地图，抉择出可行的实施方案，助力教学促进创新目标的达成。最后，过程与发展并举的评价理念，在实现思维经验积累的同时，更注重学生创新能力的发展。

消除跨学科整合教育中出现的各科之间机械组合并缺乏内在联系的弊端的有效方法是让学生置身于现实或能够精准还原现实的学习情境中。而数字孪生能够为学习者提供深度沉浸式的学习过程，极大地增加学生学习实践和真实体验感。如基于教育元宇宙的深度沉浸体验性学习突破了传统课堂、在线学习空间和混合学习的学习环境局限，使学习者能够随时进行高保真学习环境的体验学习，利用教育元宇宙的群体创造功能进行反思观察与行动应用。[①] 具体而言，基于教育元宇宙的深度沉浸体验性学习能够为学习者提供超逼真的学习场景，学生通过可穿戴设备、人机交互技术等实现跨学科整合教育的具身体验；教师与学生都能借助元宇宙的群体创造与具身社交功能进行批判性的学习反思，为后续的跨学科整合提供经验和改进策略。此外，基于元宇宙的教育模式还能为 STEM 教育提供跨学科整合过程中所必备的教学环节（提出假设、验证假设、实践应用以及知识迁移）提供支持。

第二，数字孪生支持下的创客教育。狭义上的创客教育可以理解为通过鼓励学生进行创造，在创造过程中有效地使用数字化工具（包括开源硬件、三维打印、计算机、小型车床、激光切割机等），培养学生动手实践的能力，让学生在发现问题、探索问题、解决问题中将自己的想法作品化，并具备独立的创造思维与解决问题的综合能力的一种教育方式。[②] 它十分强调"创造"，如"学生是创造主体""学习过程某种意义上即创造过程""将学生在创造过程中遇到的实质问题转化为学习重难点"，而这些

---

① 李海峰、王炜：《元宇宙+教育：未来虚实融生的教育发展新样态》，载《现代远距离教育》2022 年第 1 期，第 47-56 页。

② 杨晓哲、任友群：《数字化时代的 STEM 教育与创客教育》，载《开放教育研究》2015 年第 5 期，第 35-40 页。

理念都与现代教育有着异曲同工之妙，两者不谋而合。

首先，创客教育起源于特定的社会文化，如可以看作基于"大众生产"的创新模式的创客运动（maker movement），创客运动是美国近几年兴起的鼓励人们利用身边材料、计算机相关设备（如三维打印机）、程序及其他技术资源（如互联网上的开源软件），通过自己或与他人合作创造出独创性产品的运动。[①] 由此，创客教育十分注重学生与社会之间的联系，强调学生与社会在创造过程中的共同参与，为学生提供标准的创客空间以焕发学生的创客意识，激励学生尝试建立自己的"创客小天地"。

其次，创客教育内容需要不同领域的知识共同组合，创客教学成果也需要跨学科知识的不断融合，强调在跨学科的支持下进行创新创造。正如要求学生完成一个功能智能化和外观富有设计感的远程控制家电，则需要学生在创造的过程中综合应用科学、数学、技术和工程，甚至是美术或工艺等方面的专业知识，这无疑体现了跨学科的必要性。

最后，创客教育的实施十分强调真实情境和真实问题，特别侧重于学生端洞察的问题。创客教育过程不仅仅局限于教师所设定的问题，还包括学生在复杂的创造情境中生成的与之密切相关的问题，并以此为教学导向形成教学脉络，帮助学生疏通困惑，进而形成完整的、系统的知识体系和提高实际问题的解决能力，产出真实的学习作品和成果。这在无形中充分培养了学生的多元思维和创造性思维，从而为未来科研工作提供源源不断的高质量人才。

然而，我们需要认清创客教育在我国实施状况的现实，即目前的创客教育还处于真正应用的初步发展阶段，具备着巨大发展潜能的同时也充满着不同的挑战，例如，缺乏足够和完善的实体创客活动空间，缺乏辩证客观的创客教育评价体系，缺乏条理清晰的资源整合，缺乏教师与创客之间的紧密联系和有效互动等。针对目前现有的挑战，数字孪生有办法将逐一

---

① Cory J. What does maker movement mean. https：//www./definition/28408/maker-movement.

化解。

其一，针对缺乏足够和完善的实体创客活动空间的问题，数字孪生能够为学生提供一个可以动手操作完成学习作品的虚实创客活动空间。基于虚拟现实技术和增强现实技术，5G、人工智能、物联网等多种技术的交叉融合能够为师生创造出一个同时兼具硬件设施与软件（如开源硬件、三维打印、计算机、小型车床、激光切割机）的虚实共生的创客活动空间。学生可以根据课程标准设定的学习任务和自身在复合性的环境中产生的学习问题为导向，在此创客空间中无障碍地自由发挥。这既能培养学生的基本学科素养和实际动手的能力与问题解决的技能，又能弥合各个学科分科过细导致的对认识世界的割裂，使跨学科整合教育真正产生应用性和延展性。

其二，针对缺乏辩证客观的创客教育评价体系的问题，数字孪生能够为创客教育提供智能化、多元化、人性化的教学评价体系，满足教育需求。由于创客教育的教育目的并非让学生简单地掌握书本知识点，而是倾向于以专题的形式开展教学活动，以促进学生创造性思维的养成以及输出一定的学习成果。可见，传统的纸笔考试于创客教育的意义而言可以说是微乎其微，因此必须建立符合创客教育发展的智能化、多元化、人性化的教学评价体系。数字孪生凭借图像采集和对象数据感知等技术，精准捕捉学生在创造过程中的肢体动作和语言交流，并通过互联网技术和大数据技术对学生在学习过程中的全生命周期进行数据的自动识别、客观分析、实时反馈，为教学评价者提供真实有效的评价依据。同时，数字孪生支持下的创客教学评价体系的主体也逐渐多元化，学生和家长等角色在教学评价体系中的地位也相继提升，弥补了传统教育中由教师单一角色"拍板敲定"的评价模式。

其三，针对现行创客教育缺乏条理清晰的资源整合的问题，数字孪生能够为师生提供同时具备海量化和针对性特征的资源信息库，帮助师生解决资源利用率不高或分配不均衡等问题。5G、互联网、大数据等网络技术的蓬勃发展，使得各种资源形成了一个知识网和资源网，并且可以借助特定的工具对资源和数据进行按需筛选，提高资源利用的针对性和便捷性。数字孪生时代下的信息资源不但避免了过往"信息孤岛"和"信息脱节"的现象，而且能够从根源上解决困扰公众已久的教育公平的问题，可以说，数字孪生赋能创客教育后，即便是地理位置偏远、经济相对落后地区的学生也能够与城镇的孩子一样，享受到拥有海量资源的创客教育教学条件。

其四，针对缺乏教师与创客之间的紧密联系和有效互动的问题，数字孪生能够为教师与教学之间搭建可靠稳定的、相融相通的桥梁，促进教师更好、更轻松、更快捷地进入教学空间和教学状态中，更好地适应创客教育的节奏和教学方式。在创客教育中，教师应充当学生的辅助者、引导者的角色，更多地重视学生在创造过程中发现问题、探究问题和解决问题的心理承受能力和动手操作能力。即便如此，教师如何在创客教育中扮演好自己的本分角色并发挥为学生提供必要的帮助的作用仍然十分重要并值得我们深入探讨。教师能够观察通过数字孪生技术构建的精准映射学生本体的数字孪生学生画像得知学生的创客教育教学效果，借助数字孪生技术支持的资源整合提升自身的跨学科教学素养和能力、与其他学科教师相互合作的能力，更好地协助学生进行跨学科的创造实践。

综上，数字孪生与创客教育的融合无疑是跨学科整合教育的一种创新模式，打造完善了创客教育体系，帮助创客教育完成升级和"脱变"，为创客教育更好地进行跨学科教学和提供创造与实验的学习空间。

第八章

数字孪生与学习方式的变革

随着新一代信息技术的快速发展和广泛应用，几乎人类生产和生活的绝大多数领域都会因互联网、大数据、人工智能、虚拟现实、区块链和数字孪生、元宇宙等的深度融合而发生全新的变革。在智能新时代，认知方法和认知模式也将被颠覆，从而形成以智能技术为基础的各种各样的新型学习方式，呈现出智能学习的新形态——新兴科技与教育的深度融合将形成全新的智能化学习平台与学习环境，从而提供精准、适时且具有多样化、个性化、沉浸式的学习资源和学习方式。

教育要面向现代化，面向世界，面向未来。国家 2001 年颁布的《基础教育课程改革纲要（试行）》明确提出了学习方式转变的目标：要求改变课程实施过于强调接受学习、死记硬背、机械训练的现状，倡导学生主动参与、乐于探究、勤于动手，培养学生搜集和处理信息的能力、获取新知识的能力、分析和解决问题的能力以及交流与合作的能力。[①] 这就使得学习方式变革必然朝着自主、合作、探究的方向迈进。在智能新时代，数字孪生在教育中的应用正是实现从传统教育中学生被动接受的学习方式到自主、合作、探究、个性化的学习方式转变的强大力量。

---

① 张亚星：《自主·合作·探究：学生学习方式的转变》，载《华东师范大学学报（教育科学版）》2018 年第 1 期，第 22—28、160 页。

一、学习方式变革的特征

随着教学体系的不断成熟和科学技术的蓬勃发展，学生学习方式的变革也相继呈现出微调、重塑、跃飞的循序渐进的特征。

首先，学习方式的微调。"微调"，顾名思义只是对学习方式做出了些许调整，并没有触动以往学习方式的根基，即没有解决本质性问题。学习方式的"微调"主要体现在强基时代，主要以教学环境的变革为导向和重点。在强基时代的不同阶段，国家出台了若干教育政策以推进学习方式的变革：我国在强基时代的初级阶段颁布了《中华人民共和国教育法》；在强基时代的发展阶段出台了《关于电化教育工作的初步规划（讨论稿）》；在强基时代的深化阶段教育部印发了《国家中长期教育改革和发展规划纲要（2010—2020年）》。从这些政策中足以看出教育的信息化、数字化学习和学习方式现代化等概念开始显现并得到初步的认可和推广。

由于社会生产力的大力发展，计算机和其他电子产品的大幅使用，各种新兴的科学技术以多样化的硬件设施形态活跃于高效课堂中，这在一定程度上促进了学生的学习方式与信息技术的有机融合。这一时期，学习方式的变革更多地体现在教学设施和教学手段的更新换代上，但"接受学习"的气息仍旧十分浓厚。在接受学习中，学习内容是以定论的形式呈现，学生只是简单地接受知识，处于被动的学习状态，机械地接受特定的学习内容。学生的学习过程主要以背诵形式记忆一些低级的层次为主，没有注重培养学生的探究以及创新等能力，忽视了学生的心理发展以及认知水平的发展。[①] 因此，学生的学习方式仍需深度变革。

其次，学生学习方式的重塑。学习方式的"重塑"主要产生在当下的人工智能和大数据时代。这种重塑开始逐渐打破原有学习方式的固有架

---

① 陈坚林、贾振霞：《大数据时代的信息化外语学习方式探索研究》，载《外语电化教学》2017年第3-8期，第16页。

构，重新塑造出一个全新的学习方式体系。除了关键科学技术的必要支撑外，还需要权威政策的颁布和落实，如《教育信息化 2.0 行动计划》《新一代人工智能发展规划》《中国教育现代化 2035》《关于促进在线教育健康发展的指导意见》等文件，足以体现国家对于发展人工智能领域的教育应用和学习方式重塑的决心和实际行动。基于人工智能和大数据的新时代，学习方式变革借助原始创新和多元创新的数字化技术和现代信息技术，以及适时的教育理念与教育机制的配套升级和迭代，并以人工智能和大数据技术作为改革触点，重塑了全新的学习方式生态和具有国际化先进水平的教育信息化策略。

据此，基于人工智能和大数据技术在学习方式的投入，衍生了多种具有可行性的学习方式，如电子化学习（E-learning）和移动学习（M-learning）等。通过人工智能和大数据技术，将学习内容以数字化形式呈现，并与海量的网络资源相结合，因移动学习设备的可携带性和无线性，学生也可实现随时随地的学习。此外，随着人工智能和大数据技术与学习方式的融合落地，接受学习的形式也受到了一定的冲击并逐渐脱离其在学习方式方面的"主体地位"和"权威地位"。与接受学习相对的发现学习开始"崭露头角"并得到重视。在发现学习中，学生的学习内容以问题的形式呈现，可在解决问题的过程中学习新知识，并主动去发现知识。[1] 尤其是在大学阶段，学生已经具备一定的抽象思维、判断推理以及演绎归纳的能力，大学生的学习方式在减少接受学习的同时增加了发现学习，从而提高了学生的自主学习能力、钻研探究能力、改造世界能力。

最后，学生学习方式的跃飞。学习方式的"跃飞"将发生在未来的数字孪生教育时代。这时的学习方式是面向现代化、面向未来的跃迁式的理想状态。到那时，数字孪生将生成不仅能够动态感知学生的学习现状和学习需求，帮助学生制定个性化的学习方案和计划，概括和归类学习内容及

---

[1]　王晓笛、左玉玲：《人工智能时代大学生学习方式的变革研究》，载《信息与电脑（理论版）》2020 年第 7 期，第 244-246 页。

资料，监测和管理学习的进度与过程，引导学生进行形成性实验及完成课后巩固习题，还能通过监测学生的课堂表现和状态获取学生的兴趣和特长等数据进行传输和互换，为每个学生制定有针对性的个人发展规划，精选学习内容和课外活动并真实还原和生成各项课堂和活动的数据记录，以助力学生进行课后反思和调整。

数字孪生包含多种新一代信息技术，这也正是构建数字孪生学习方式的重要依托。作为数字孪生核心技术体系重要因素之一的大数据技术，借助云计算的分布式处理、分布式数据库、云存储等技术进行学生学习方式的数据挖掘和信息资源转换，从而使学习方式实现质的飞跃。一种崭新的学习方式——泛在学习（U-learning）应运而生，它是一种具有无缝性、普适性、渗透性等显著特征和功能的学习方式。泛在学习的目标就是创造让学生随时随地、利用任何终端进行学习的数据环境，实现更有效的学生中心教育。在泛在学习环境中，学生根据各自的需求在多样的空间以多样的方式进行学习。[①] 可见，数字孪生技术下，学习方式呈现出更符合学生发展的形式，无疑为学生的学习方式提供了强大的依托。

二、影响学习方式变革的因素

智能化浪潮的来临深刻变革着教学生态和知识形式，促使学习方式产生巨变。互联网、大数据、人工智能、虚拟现实、区块链和数字孪生、元宇宙等新兴技术正深刻地变革着学习媒介与获取学习资源的方式，从而推动学习方式多元化发展，为师生提供了多种学习选择，多样化的学习方式满足了他们多层次的学习需求。

[①] 陈坚林、贾振霞：《大数据时代的信息化外语学习方式探索研究》，载《外语电化教学》2017 年第 4 期，第 3-8、16 页。

（一）学习媒介的变迁

媒介是信息传递的主要载体，而学习媒介是影响学习方式的最主要因素。最初，人类以面对面传递信息为主要媒介，讲授者与学习者通过口头语言或身体语言进行交流，这时聆听和模仿是主要的学习手段。随着文字、活字印刷术的出现，印刷媒介为著述提供了宏富的记忆容器①，"经典"以文字的形式完整地呈现在学习者面前，读书成为主要的学习方式，教材成为教授者向学习者传递知识的主要载体。伴随着电子媒介的发展，尤其是大众传媒的发展，信息跨越了空间，也突破了时间的束缚。一条消息经过快速编辑后，通过电视、广播可在短时间内传遍世界，此时世界变成了"地球村"，人们在其中能够快速高效地完成信息的传递。

然而，无论是印刷媒介、广播媒介还是电视媒介都不能实现面对面的沟通交流，听众或者观众仅仅是被动地接收信息，信息流仅从传播者到接收者，因此这些传播的主要特征就是单向性。同样，学习方式的特征也只能是信息的单向传递，学习者仍然是接收者。由此可见，虽然电子媒介有其自身独特的优势，但并没有从根本上改变印刷媒介传递接受式的学习方式。随着互联网的蓬勃发展，网络信息技术给知识获取方式、学习认知方式带来广泛而深刻的影响。学习资源总体也相应呈现出海量化和共享性特征。

过去，在通信不发达和信息不联通的时代，信息传播和资源利用具有严重的滞后性、封闭性和不对等性等特征。然而，当今时代可以用"信息爆炸"来形容，人们获取信息和资源的手段逐渐多元化，获取信息也相对便捷，学习的资源和资源获取的渠道和工具也日渐丰富和趋于成熟。譬如，以具有海量学习类视频的哔哩哔哩视频网为典型代表的私人性质的视频平台，中国知网、万方、谷歌学术及百度学术等检索性学习软件或平

---

① ［加］马歇尔·麦克卢汉：《理解媒介：论人的延伸》（增订评注本），何道宽译，译林出版社 2011 年版，第 238 页。

台，腾讯会议、钉钉等移动办公类平台，能够满足全年龄段和各水平层级用户学习需求的语言类学习软件等。这些学习平台能使学习者足不出户即可随时随地获取前沿和海量的信息。

未来，万物互联的数字孪生时代将伴随着各种现代信息技术的广泛应用和普及，能够极大地扩大学生获取的知识量，拓宽学生汲取资源的途径，增加学生丰富知识和优质资源共享的机遇。到那时，数字孪生视域下的学习资源将对所有学习者和群体平等开放，并且在云计算和大数据的关键技术支撑下，能够确保资源的真实性、及时性和有效性，以满足各类学习者对资源的各种要求，为教育的发展提供良好的契机和缓解教育机会不均等和教育现象不公平的难题，如对于偏远地区的教育，借助数字孪生教育空间可以填补当地师资匮乏、教育资源短缺等问题，改变当下的教育现状，补齐城乡教育"短板"，缩小城乡教育水平差距以制造教育公平的机会。

此外，数字孪生时代下的所有资源和信息将不再是毫无关联和脱节的"孤岛"，而是在各种数据驱动下互联互通的资源统一体，这也将从根本上改变过去教与学的固有形式，加强学生主体之间、师生之间的必然联系和交互，并根据学生的学习需求、认知方式和教育阶段等因素为其提供针对性的学习资源。

具体地说，学习资源媒介由纸质资源演变到纸质资源与数字资源共存、由封闭资源演变到封闭资源与开放资源共存、由系统资源演变到系统资源与碎片资源共存。

其一，学习资源从纸质向数字化转变。纸质资源就是我们熟悉的书籍、报纸、期刊等，其中书籍是一种以纸为媒介的典型信息传播形式，对信息的保存和传播有着重要的意义，也是人类历史文明、文化智慧和精神财富的结晶。纸质资源的最显著的特征就是以纸质为载体，以印刷为手段，以文字的形式记载信息。先辈们在不断总结前人经验的基础上，经过反复的实践探索，发明了造纸术和印刷术，使得印刷型纸质资源在民间广泛流传。由于纸质资源具有一定的体积，需要储存在物理空间中，书店、图书馆则成为主要的纸质资源收藏地。随着数字技术对社会生活的广泛参与，学习资源的载体形态产生了巨大的变革。数字资源以其独特的优势被人们广泛接受，在学习资源中所占分量不断提高，从而最大限度地满足了人们的阅读需求，并呈现出与纸质资源共存和互补的态势。数字资源是指可通过互联网络传播，供本地或远程利用、读取，由计算机操作而生成的以数字形式存储在光盘、磁盘载体之上的图像、文字、声音、视频等信息作品。① 数字资源以其内丰富性、方便性、动态性等特征满足不同学习者对学习资源的需求，毫无疑问地成为未来获取资源的主要途径。学习资源载体的多元化改变了纸质源"称霸天下"的局面，转变成为纸质资源和数字资源并存的新局面。

其二，学习资源从封闭迈向开放。学习资源与互联网接轨，产生了无限量的资源空间，其开放性不言而喻。学习者获取学习资源的主要途径有两种：要么借，要么买。一方面，信息技术与书店的结合，衍生出网络书店。网上书店支持随时添订、即时结算、送货上门等服务，使学习者足不出户就能轻松读到自己喜爱的书籍。另一方面，信息技术与图书馆相结合，使学习者可以通过自助机在图书信息管理检索出需要的书目，并完成借书、还书的一系列程序，极大地提高了效率。尤其是运用数字孪生技术，建立虚拟数字孪生的文献资源库，在数字文献和物理文献之间进行双向的连续的闭环信息反馈，从而实现纸质文献资源的持续优化。② 同时，还可以根据数据的变化进行可视化分析，为图书馆发展提供决策。比如，通过反映读者借阅频率和集中度的图书馆借阅数据，管理者可以快速了解读者的资源需求和阅读习惯，按需购买，改变服务形式，扭转图书馆资源

① 杨忻：《共存与互补——纸质文献和数字资源和谐发展的思考》，载《科技情报开发与经济》2007 年第 16 期，第 23—25 页。

② 展倩慧、杨智勇、杨鹏：《基于数字孪生技术的智慧档案馆模型建构研究》，载《浙江档案》2021 年第 2 期，第 50—52 页。

利用率不高的情况。同时，在遇到突发事件影响图书馆正常借阅时，基于数字孪生技术的资源库依然可以实现"云开放"，读者可以在线阅读，满足了读者的掌上阅读需求。可见，数字孪生技术使得图书馆更加智能化、人性化、开放化。

其三，学习资源从系统化向碎片化转变。传统的学习方式可以实现知识的系统化、结构化，且具有逻辑性。比如，教材就是一种系统化的学习资源，主要特征就是知识体系的完整性。因此，人们在阅读图书报刊时培养的是系统的学习风格，养成了慢节奏的深阅读习惯。然而，当下科技的快速发展、阅读载体的变化以及人们浮躁求快的心理，促使快速高效的浅阅读被大众普遍认可。美国著名未来学家阿尔温·托夫勒在《第三次浪潮》一书中指出，当今是一个碎片化的时代。① 碎片化阅读主要指类似手机、电子书、网络等电子媒介为主要载体的新型阅读方式，利用短而不连续的时间片段进行阅读。其不断更新的内容和随时随地皆可阅读的特征，能够方便快捷地满足人们对具有低成本、及时高效性的丰富资讯的获取。可供阅读的"碎片"信息包罗万象，上到天文下到地理，甚至一些生活中的冷门知识都能在"碎片"中呈现，省去读者自己查寻的时间，并在短时间内得到大量信息。可见，学习资源向碎片化的转变能够使读者快速、多元化地获取信息，或是在建构自己的知识体系的过程中能够利用碎片化的知识作为扩展和补充。在教育领域，数字化学习资源的碎片化特征变得尤为突出，特别是MOOC、微课等教育资源，以短小精悍、图文并茂的信息形式展示、传递，符合数字原住民的快节奏阅读习惯，深受学生群体喜爱，使数字化学习资源数量急剧增长。

此外，在学习资源日益丰富的同时，学习内容也将出现多元化和选择性的特征。过去，学生的学习内容集中在各学科的理论知识上，如语文、数学、英语、物理、化学、生物、政治、历史、地理等。"重经轻科""重

---

① ［美］阿尔温·托夫勒：《第三次浪潮》，黄明坚译，中信出版社2006年版，第104-105页。

智轻能"的气息浓厚。道德教育、劳动教育、体能教育和美育常常被忽视，导致学生片面发展。而在数字孪生教育空间中，学习内容将变得多元化，"五育并举"的教育方针能够充分落到实处。学生可以从中体会价值观、人生观、世界观教育以此提高自身的思想道德素质；可以从中进行礼仪教育以端正自己的气质；可以从中体会烹饪课程并在"虚拟厨房"中大展身手，提高自身的生活技能；可以从中体验社会工作实操，提前知悉和适应职场规则及要求；可以从中学习人工智能编程语言 Python 编程、Arduino 开源硬件等高难度课程，深度开发学习对象的高阶性思维。

在数字孪生课堂中，学习内容的难易程度、编排方式与学生的日常生活和现有认知水平高度、现代科学技术发展高度贴合。资源渠道的拓展使得学生从自身的需求和实际学习情况出发，在数字孪生的海量信息数据库中搜寻和选择合适的学习内容，颠覆了传统教育中学习内容由教学目标规定和教师硬性灌输的态势，充分体现了学生对学习内容的自主选择性，这对帮助学生树立自尊、自信的信念起到潜移默化的推动作用。

（二）信息技术对学习方式的变革

网络时代的学习主体是伴随着新一代信息技术而成长起来的，他们一出生便被笼罩在网络化、数字化的虚拟世界里，他们就是所谓的"网络原住民"，也称为"数字原生代"。因为时刻接触强大的网络空间中无穷尽衔接的资源，"数字原生代"形成了不同于"数字移民"的获取认知的方式，其学习方式从被动走向主动，从独立走向合作，从单一走向多维。

对于纸质时代的教学，正如夸美纽斯在《大教学论》中所说，"教师就是一个源泉，从那里可以发出知识的溪流，从他们身上流过，每逢这个源泉开放的时候，他们就应当把他们的注意当作一个水槽一样，不要让流出的东西漏掉了"[1]，学生获取知识最重要的途径是教师在课堂的传授。而

---

[1] ［捷克］夸美纽斯：《大教学论》，教育科学出版社 1995 年版，第 125 页。

在信息时代，学生能够接触到的学习资源远比纸质时代要丰富得多，既有在线开放的课程如精品课程、慕课等，还有大众网络搜索引擎如谷歌、百度、搜狗等，以及专业文献数据库如知网、万方等。数字原住民是从出生就在互联网环境长大的学习者，他们更喜欢使用数字化学习资源进行学习。这样的学习者能够根据自身的需求从中获取知识或信息，从而使学习变得更加主动，实现由被动接受向主动补缺转变。但海量的信息又容易使人迷失其中，这就意味着学习者在学习的过程中要能够准确地定位自身的需求，以便能够在海量信息中快速地甄别出自己所需求的信息。

在网络时代，虽然有些知识学生只需通过教材进行自主学习就能够理解，但还有一些知识点，由于学习者自身的学习能力和认识水平不足，经过努力也不能掌握知识的情况仍然经常发生。因此，合作学习就显得尤为重要。随着信息技术的发展，师生、生生等互动合作变得更加多元化，不同院校、不同区域甚至不同国家的人能够跨越时空限制，通过互联网开展学术交流和学习经验分享。在线交流时，交流的双方都能接受信息技术的武装，不但有同步文字、语音、图像、视频等各种媒体工具可选择，还能够相互传递文件，学习者可自由选择有利于在线合作学习体验、提高学习质量的媒体工具，使知识交流的深度大大增加。教师引导学生在课堂上开展分享、合作与研究活动，营造畅所欲言的课堂教学氛围，学生将碎片化知识与课上习得的系统性知识相互补充，进一步创设自己新的知识框架。每位学习者可根据自身的成长需求和学习风格，在线搜索学习资源与寻找合作学习伙伴，从而使学习过程变得更具合作化，从个体化的单独学习变成了群体性的协作学习。

在信息时代，学习需求无处不在，信息技术使学习资源无处不在，学习的发生无处不在，学习者随时随地都可利用终端设备与网络连接开展学习活动。[①] 由于信息技术的支持，学生学习空间不限于学校、不限于课堂。

---

① 熊才平：《教育在变革——论信息技术对教育发展具有革命性影响》，科学出版社 2013 年版，第 167 页。

在以移动设备为终端的移动学习模式下，学习者使用智能手机、平板、笔记本电脑等现代移动设备，在任何时间、任何空间都可以对特定知识展开学习。在以学习与娱乐相结合的游戏学习方式下，学习者可采用闯关模式、互动模式等，在不同的竞争机制、学习机制、奖赏机制中体验和感受学习过程，摒弃过往枯燥和乏味的学习；在以培养创新能力、动手能力和问题解决能力为主的众创学习方式下，学生利用网络、移动设备、加工工具和可穿戴技术设备，把创新想法创造成制品，在具身活动中掌握知识，促进学习的实践活动[①]，提高问题解决、批判性思维和专业学习等技能。可见，学生拥有丰富的渠道、多样的学习方式开展活动，从而使学习变得更加多维化，由单一课堂学习环境延伸至多维的学习空间。

实际上，在信息时代，只要拥有一台网络终端设备，人人都能够开展有效的学习活动。网络媒介与新的教学理念把课堂变成一个交流讨论而不是仅限于静听的场合，为学习者创造了协助合作的环境。[②] 这种由被动变为主动、由独立变为合作、由单一变为多维的学习方式转变，使学生真正成为自己学习中的主体，成为学习的主人。

当然，信息技术发展虽然为学习方式提供了转型的动力，但并没有改变学习的本质。学习的本质就是主动与知识互动的结果，是审视自己、接纳自身、发展自我的过程，它是不以个人的主观意志为转移，不受时代和任何技术影响的客观存在。学习者必须坚守学习的本质和原则，在日新月异的科技大潮中找到最适合自身的学习方式，并乘风破浪，实现学习方式的有效变革。

数字孪生作为未来最具影响力之一的先进信息技术，它的出现必将使学习对象具有广泛性和层次性，使学习行为具有可视性和自主性。

① 张韵：《"互联网+"时代的新型学习方式》，载《中国电化教育》2017 年第 1 期，第 50-57 页。

② 汪学均、熊才平、刘清杰等：《媒介变迁引发学习方式变革研究》，载《中国电化教育》2015 年第 3 期，第 49-55 页。

首先,学习对象的广泛性和层次性。近年来,终身教育和终身学习的新理念逐渐深入人心,国家也正致力于构建和推行学习型社会,"走出校门不学习""只有在学校里面接受教育的学生才被称为教育对象"的谬论开始不攻自破,由此学习对象不再局限于在校学生,所有参与到家庭教育、学校教育和社会教育中的学习者都被纳入了教育对象的范畴。

数字孪生课堂和教学空间诞生引起的学习方式变革将导致学习对象的观念和范围都有所变化。学习对象开始显现主体性、可塑性、广泛性和层次性等特征。我们必须深刻认识到学习对象的主体性,即学习对象并非完全被动的客体,而是有思想、有情感、有知识经验的主体参与到学习活动当中,并且学习对象能够在环境与教育的双重作用和影响下获取一定的知识与技能,成为未来社会所需要的人才。此外,学习对象的范围不断扩大,全体社会成员无一例外都是各级各类教育的对象。值得注意的是,所有的学习对象并非毫无差别、千篇一律和抽象统一的整体,而是根据不同领域和学习阶段划分不同层次的。

例如,在校园里接受基础教育、高等教育和职业教育等正式教育的学生,在家庭中接受家风教育、良好生活习惯教育、思想品德教育和家庭友好关系教育等的家庭成员,在社会中接受社会制度教育、参与社会活动的全体社会成员,甚至是参与到开放大学、老年人大学和业余大学的中老年人,这些不同层级的群体都是教育对象和学习对象。而数字孪生学习空间能够开展全员、全覆盖、全领域的教育,以满足全体社会成员的学习需求,为构建学习型社会和推动终身学习理念落到实处提供强大支撑。

其次,学习行为的可视性和自主性。过去,由于学习行为的隐蔽性、模糊性,学生无法从自身的学习行为中获取反思。然而,在数字孪生时代,数字孪生借助具有强大的数据感知、收集、传输、处理、分析和预测功能的人工智能技术、虚拟现实技术以及增强现实技术为学生的个性化学习和自主学习提供精准的支持。例如,借助人工智能技术实现的人脸识别和情感模型分析等技术,学生可以随时观看和反思自己先前在课堂的动作表现、神态特征、学习行为表现，并由此判断自己的学习状态和生成学习成长轨迹，从而为学生提供精准的学习支持和个性化辅导。在"虚拟现实+增强现实"的数字孪生课堂中，学生的学习行为能够实现全程可视化追踪和实录，学生可以通过观察自身的"行为镜像"，获得学习成果的反馈信息，对自己形成的客观和辩证的认知，从而调整好学习状态、学习态度和学习行为。

此外，学生还可以通过大数据、云计算和边缘计算技术形成的智慧辅助系统和"孪生机器人助教"对自身的学习情况进行实时记录和分析，及时生成符合自身能力的学习策略。同时，在数字孪生课堂中，学生还可以根据自己的学习水平、接受能力以及学习习惯自主地选择和掌控自己的学习节奏，这充分实现了学生学习的自主性，体现了学生作为教学活动的主体地位，能够使学生根据自己的能力和意愿自主确立学习目标、制定相应的学习计划和学习准备，并对自己的学习行为进行监测和调控，以达到最优的学习效果。同时，学生在学习过程中不再受教师或他人的过度干预，而是独立地展开其学习活动。

换言之，随着数字孪生时代的到来，数字孪生课堂不仅可以为学习者提供各种学习支持，还将深度参与到学习过程中陪同学习者共同学习，并与学习者进行全面的数据互传和交换，实时捕捉和刻画学习者的学习行为、思维方式和学习习惯，并对学习的行为数据进行多层次、多维度的分析，从而为每个学习者雕刻专属的学生画像，并将传统教育所不用复现的学习者内在的个性特征和认知特点具体化、形象化和实体化。

（三）信息技术对大脑的重构

过去，学生常用的学习工具有铅笔刀、橡皮、文具盒、硬皮笔记本等。而如今学生常用的学习工具有智能手机、iPad，以及电子笔和各类学习 App 等智能工具。随着学习工具的变化，我们的学习方式也越来越智能化、个性化。值得注意的是，信息技术改变了我们的学习方式，重塑了人类大脑，尤其重塑了数字原住民。

美国科技作家尼古拉斯·卡尔（Nicholas Carr）在其著作《浅薄：互联网如何毒化了我们的大脑》中谈及自己长期使用互联网之后的感受："我感觉我一直在努力将自己漂浮的大脑拽回到书本里，过去专心阅读是轻而易举的事情，在如今已变成一场搏斗。"[①] 人们对于数字阅读有一种流行的说法，就是"F形阅读"。顾名思义，就是用字母"F"模仿数字阅读养成者的眼球活动轨迹，前几行细读，后面就竖着一眼带过。长此以往，看任何书籍都会像阅读网页信息那样"走马观花"。这种追求"丰富"与"快捷"式的新阅读模式，可能在不知不觉中减弱了人们深度阅读的意识。

信息科技的爆发不仅改变了我们的生活、学习和交往方式，也迅速而深刻地改变了我们的大脑。我们生活在一个过去难以想象的世界，到处都是智能产品。据统计，全球成年人平均在网上花费的时间为6个小时，平板电脑已经成为儿童学习和娱乐的常用工具。对于数字原住民而言，可能已经无法想象没有网络的世界是怎么样的。

当然，信息技术正在以前所未有的方式改变人类的生活方式带来了诸多益处，但也有负面效应。比如，动作类游戏可以提高夜间阅读和驾驶等重要任务的视觉能力，平板电脑可以提供一种让学生对学习产生乐趣并刺激他大脑的机会，信息技术正在赋能各个领域，变得更"以人为本"。因此，科技一直是把双刃剑，而我们的大脑也比想象中的更具可塑性。

信息时代改变了我们获取信息的途径、学习的空间以及学习模式，但学习的过程却没有改变，学习依然是一个"水磨工夫"的过程。正如很多人都知道的一个定律——一万小时定律，任何人在某个行业内只需要持续努力至一万小时就可以成为该行业的大师，而这当中包含着一个重复学习、克服困难和充分练习的过程。虽然大脑具有适应环境的进化能力，但我们不能只沉迷于信息时代的快节奏中，而忘了新技术的使用目的，让技

---

① [美]尼古拉斯·卡尔：《浅薄：互联网如何毒化了我们的大脑》，刘纯毅译，中信出版社2010年版，第209页。

术回归为工具，助力我们学习，才是技术发展的意义。

信息世界的变化速度之快，如何设计脑友好型的学习体系，已是当下教育实验研究与认知科学的前沿趋势。当数字化、智能化成为不可阻挡的趋势时，如何善用数据、人工智能技术来帮助人类更好地学习、思考，乃至进化，才是如今应该深入思考的现实问题。

三、数字孪生与学习方式变革的走向

学习贯穿于人的一生，从咿呀学语，到进入校园，再到走向社会，学习不曾停歇。学习作为人类获取知识、习得技能、了解世界的最佳方式，已成为人类生活中不可缺少的部分。现今，我们身处智能新时代，智能科技使学习主体、学习内容、学习环境等都产生了巨大的变化，打破了人类认识复杂世界的局限，改变了原有的学习生态系统，为学习方式的变革奠定了强大的技术基础和物质条件。智能技术渗入的同时也给教育带来了巨大的机遇和挑战。因此，面对未来的学习方式的变革，应该积极主动识变、求变、应变，即转变学习理念并利用智能科技持续学习，完善原有知识结构，推动自身全面且具个性的发展，以适应智能社会对教育人才供给提出的新要求。

（一）数字孪生引领学习方式变革的宏观走向

学习方式是学习主体作用于学习客体的机制和过程，是由学习主体、学习客体和学习中介三个基本要素共同组成的完整学习系统。在智能技术的支持下，这三大要素都发生了全方位的变化，打破了以往教育要素之间的平衡，智能化的学习方式呈现出多样化的表现形式。对于智能时代学习方式应该是怎样的，研究者们根据自身的观点提出了不同的学习方法。例如，有学者认为，"由于数字技术和人工智能技术的井喷式发展，数字化

学习、在线学习、混合式学习等新学习方式成为新的研究重心和热点"①。有学者认为信息技术改变了学生被动接受的学习方式，更强调自主探索的学习方式，学生可以开展项目学习、网络学习、协作学习等。② 有学者基于"互联网+"时代的学习特性和需求，提出了规模学习、跨界学习、定制学习、众创学习等新型学习方式。③ 还有学者提出人工智能时代有四种学习方式：自主—定制学习、社群—互动学习、人机—协同学习以及多人机—多元学习。④ 更有学者直接提出，在网络时代，"深度学习是全新教育理念与学习方式变革的标志"⑤。

可见，人工智能技术、数字化工具与智能学习空间，使学习方式越来越现代化和多样化，发挥学习者的主动性以及满足其个性化需求，从批量生产走向私人定制模式，每位学习者都能找到适合自己的方式来开展学习。虽然这些学习方式关注点不同，但整体走向是更具个性化、多样化、主动化和智能化的。智能化的大浪潮于我们而言，既是机遇，又是挑战。在面临多种可供选择的学习方式时，我们要避免过分追求其表现形式变换和随意剪切拼接的形式主义，我们"需要关注学习方式的实质性变革，也需要规避为了方式而方式的'虚假性'变革"。⑥ 不管在什么学习模式下，都要关注学习方式的适用性与边界，从而激发出学习方式的最高效率。

智能时代的学习方式变革热火朝天，我们不断"解锁"更多更新的学习方式，目的是帮助学生学习并促进其认知能力发展，但无论学习方式如

① 蔡宝来：《信息技术与课程整合研究进展及未来走向》，载《课程·教材·教法》2018 年第 8 期，第 133-143 页。

② 赵呈领、阮玉娇、梁云真：《21 世纪以来我国教育技术学研究的热点和趋势》，载《现代教育技术》2017 年第 3 期，第 49-55 页。

③ 张韵：《"互联网+"时代的新型学习方式》，载《中国电化教育》2017 年第 1 期，第 50-57 页。

④ 余亮、魏华燕、弓潇然：《论人工智能时代学习方式及其学习资源特征》，载《电化教育研究》2020 年第 4 期，第 28-34 页。

⑤ 何克抗：《深度学习：网络时代学习方式的变革》，载《教育研究》2018 年第 5 期，第 111-115 页。

⑥ 徐金海：《学习方式变革的五个关键要素》，载《教育发展研究》2021 年第 24 期，第 3 页。

何更新变换，都掩盖不了学习方式变革的精神实质就是学会学习。①

首先，以学生为中心的学习方式变革，其终极目的在于强化技术与学习的结合以推动学习走向个性化、高效化，从而使学习者自主自觉地学会学习。在学习方式变革的过程中，需要强调学习者是否借助技术手段提升自身的主动性、交互性和创新性，为实现学习者全面可持续发展以及满足多性化的学习需要提供条件。其中最关键的是从被动型的"教"向主动型的"学"转变，从自我需求出发，要学会提高自我效能感。否则，在智能时代，学习者很容易被机器"饲养"起来，因此，学习者要学会与技术打交道，让技术来助力学习。

其次，新时代学习方式的变革下知识本身也在经历着新的重大变化，以数字化资源为主要内容，知识呈现出动态性、碎片性和进化性特征，而知识的多重特征要求学生必须学会学习。智能大数据与高效算法的广泛运用使人们对客观知识的理解更加科学，教育内容也不再局限于书本知识，知识经验获取与产生的渠道前所未有的畅通，知识走向更加公开和共享，多元化的知识体系衍生出多样化的学习方式。然而，获取知识的途径无限扩大与获取知识的成本无限降低，带来了另外一个问题——知识的"杂音"过多，这就需要学习者有过滤和分辨的能力。学生需要根据知识的性质、学习需求在诸多学习方式中选取最佳的学习方式，要求学生学会评估、学会抉择、学会学习。

最后，新学习方式的变革是以优化教学过程为主线，教师要创设以学生为主体的课堂教学模式，将学习的主动权还给学生，由"灌输式学习"转变为"引导性学习"，从而使"教法"改革向"学法"转变，学生从"知识接受者"变为"学习组织者"，旨在要求学生学会学习来提高学习能力，并成为独立学习的主人。智能技术下的课堂特征是虚实结合，泛在学

---

① 岳伟、苏灵敏：《学会学习：智能时代学习方式变革的本质透视》，载《广西师范大学学报（哲学社会科学版）》，https：//kns.cnki.netkcmsdetail/45.1066.C.20220906.1653.002.html。

习课堂、线上线下混合课堂都实现了无边界、碎片化学习，不受时间、空间等客观因素的限制，学习者可以自由自在、随时随地进行不同目的、不同方式的学习，解决了学习者碎片化的学习需求，提升了其时间利用率。另外，智能技术加入课堂教学，教师要利用好智能技术这一"神器"来提高教学效果，扩展知识疆域，帮助学生培养自主学习的意识，掌握自主学习的方法，真正实现自我学习的高效高质。可见，在面对泛化课堂时，学生需要自发灵活地学会学习。

总的来说，智能时代学习方式的变革改变了获取知识的途径、学习的空间以及扩展了教学方法，但学习的实质与追求仍然是教会学生学会学习。

（二）数字孪生引领学习方式变革的微观走向

当前，各项信息技术已经渗入我们日常生活和社会生活的每一个角落，这意味着数字化时代即将降临，人类将以数字化的生存形式与世界共存。尤其是其中一项至关重要的技术——数字孪生，它将有望构建出与现实世界中真实存在的学生本体高度一致和契合的数字孪生画像，使学生能够在虚拟的学习空间中自由穿梭，甚至建立起"升级版"的数字化阅读，给学生带来崭新的学习体验。

第一，学生的数字化生存。2024 年 3 月 22 日，中国互联网络信息中心（CNNIC）发布了第 53 次《中国互联网络发展状况统计报告》。报告表明：截至 2023 年 12 月，中国网民数量已达 10.92 亿人，较 2022 年 12 月增长 2480 万人，互联网普及率达 77.5%。同样，中国信息通信研究院发布的《中国数字经济发展研究报告（2023 年)》显示："2022 年，我国数字经济规模达到 50.2 万亿元，同比名义增长 10.3%，已连续 11 年显著高于同期 GDP 名字增速，数字经济占 GDP 比重相当于第二产业占国民经济的比重，达到 41.5%。我国数字产业化规模与产业数字化规模分别达到 9.2 万亿元和 41 万亿元，占数字经济比重分别为 18.3% 和 81.7%，数字经济的二八比例结构较为稳定。"这反映了当下中国势不可当的数字化发展趋势和数字化生存的迅速蔓延，同时也代表了新经济时代下的金融、商业、服务业、制造业、医疗卫生、教育、科学技术等各个领域都将无一例外地经历广泛而深刻的数字变革。

当下，互联网已经渗透人类日常生活和社会的各个角落，透过网络进行日常社交、购物、出行、学习以及资源获取等各项生活行为成为越来越多人的常态，人们开始浮现出真实生存和数字化生存两种生存方式和生活状态。数字技术的迅速发展使人类的生活范围逐渐融合了现实世界与虚拟世界之间的边界，开始从由原子与分子构成的"现实世界"逐渐向由数字化数据构成的"虚拟世界"延伸和扩展。[①] 以往只有在科幻电影中存在的人工智能、大数据、云计算和边缘计算、区块链、5G、无人驾驶、虚拟现实、增强现实等高端科技正逐渐出现并普及于我们的现实生活，人们似乎察觉不到它们何时降临和存在，但却逐渐对其产生像无法离开空气和水分一般的高度依赖，这也就意味着数字化生存的时代已悄然开始了。

久而久之，人类的数字化生存也会随着技术的不断发展而进入高级形态阶段——元宇宙时代。元宇宙是一个平行于现实世界，又独立于现实世界的虚拟空间，是映射现实世界的在线虚拟世界，是越来越真实的数字虚拟世界。值得注意的是，元宇宙并不是互联网的变式或简单升级，而是下一代网络——数字网络，它由人工智能、云计算、区块链等技术构成，是一个成本收缩、收益增大的完善的科学生态体系。它将成为人类实现数字化生存、发展和转型提供指导性方向和可行性道路，推动经济、政治、社会、文化、生态等全方位高质量发展。

以此类推，元宇宙时代的到来将为我国教育新基建、具有高阶思维的人才养成以及现代化教育发展提供新契机，"元宇宙+教育"将成为未来虚实共生的教育新样式。在人工智能、区块链、物联网以及学习分析等技术

---

① 张立新、姚婧娴：《数字化生存——数字时代的挑战与教育应对》，载《浙江师范大学学报（社会科学版）》2019年第4期，第1-8页。

的加持下，教育元宇宙将会构建成以资源生态、社会交往、探究学习和评价系统等为核心的智慧学习空间，形成虚实融生和跨界探索的学习模式，最终实现以现实物理世界为核心的教育元宇宙与星际文明共在的未来教育形态。①

元宇宙凭借着具身沉浸式感知、深度社交网络、群体自由创造、良好的社会生态以及虚实共生等主要特征，为教育新基建从源头上解决建设过度分散、"数据绝缘体"信息滞后、质量参差等根本问题，进而为教育新基建的落地提供了新的发展方向；为课堂消除内外界线，实现学生的自主学习、深度讨论、合作探究的完美承接和有机融合，彻底解决资源分配不均衡、具身体验受阻、时空单一局限等传统教育无法克服和逾越的问题和鸿沟，为高质量教育的实施提供了新动力；为未来教育空间转型为基于数字孪生、区块链、智能感知设备、数据采集器等联合构建全景式的教育元宇宙新场域，满足学生无障碍交流、自由创作、具身体验等学习需要；为教与学学习环境的融合提供新的方式，实现跨区域的深度参与学习、无障碍远程协作学习探究、可验证的实验环境、自由创造的群体创客空间等。②

基于上述论述可知，元宇宙并非"乌托邦"式的空谈概念，而是富有无限潜能和现实意义的先进技术，它将帮助人类更好地和更科学地认识这个世界、更合理地改造世界，更全面地适应数字化生存，同时引领世界发展的方向，构建出一个更和谐、更先进的地球村。

与此同时，数字化生存也已然成为当代学生的一种不容小觑和至关重要的生存方式之一。然而，世间万物皆具两面性，数字化生存也不例外，它给学生带来创新体验和巨大便利的同时，也让学生面临着严峻的挑战。一方面，学生容易因数字世界的无限可能、高度自由、海量信息而陷入应

---

① 李海峰、王炜：《元宇宙+教育：未来虚实融生的教育发展新样态》，载《现代远距离教育》2022年第1期，第47—56页。

② 李海峰、王炜：《元宇宙+教育：未来虚实融生的教育发展新样态》，载《现代远距离教育》2022年第1期，第47—56页。

接不暇、认知困难、知识匮乏等窘境，当学生无法正确认识和适应数字世界时，将容易造成思维能力与智力不同程度的弱化和衰退。另一方面，因家庭条件差异导致学生接触网络的时间先后造成的结构性鸿沟差异；因外界环境和阶层条件的客观限制导致学生的资源分配不公平、不平等、不均衡等数字化进程差异；因拥有数码产品、手机、电脑等数字资源的不同，网络使用方式和生活方式的不同以及网络原创能力和自主诠释能力导致的自主性差异。归结起来，学生的数字化生存存在着认知障碍、过度依赖、数字化鸿沟、数字化进程和数字化阶梯参差不齐的问题。

因此，应该致力于丰富资源、发挥资源整合优势；以人为本、增强情感交流作用；寓教于乐、创新数字教育方式；培养意识、提升数字化生存能力等建议，以填平数字鸿沟。[①] 同时，引导学生尽快学会数字化生存，形成并发展其数字化生存的能力，成长为良好的数字化公民，以更好地享受数字化社会带来的便利，从容应对数字化社会产生的巨大挑战和适应数字化学习成为当务之急的教学任务和社会任务。

首先，教育应该明确学生数字化生存的教育目标，如引导学生养成相互尊重的数字公民基本意识，引导学生形成人与技术交互过程中的合法合规、安全和守住道德底线的行为规范准则，提供学生可行、可适应的教学活动参与方法以满足学生在数字化社会所应承担和享受的义务与权利。同时，教育应该重构数字化生存的教育内容体系。在促进学生"数字化生存"教育内容的设计上，可以尝试从认知层面、动作层面以及情感层面三个维度展开，分别强调学生数字化生存知识、数字化生存技能以及数字化生存的意识与道德三个方面的教学内容建构。[②] 促进学生对数字化世界、数字信息、数字化生存必备能力等的本质、特征、结构等认知方面的知

---

① 龚曦：《新时代高校大学生数字化生存现状及对策研究》，载《高教学刊》2020 年第 22 期，第 181—184 页。

② 张立新、姚婧娴：《数字化生存——数字时代的挑战与教育应对》，载《浙江师范大学学报（社会科学版）》2019 年第 4 期，第 1—8 页。

识，提高学生基础软件的使用、互联网的基础操作和获取资源并完成资源管理等方面的技能，培养学生诚信、包容的数字化生存意识和道德。

其次，应该致力于构建无门槛、无排斥、更加平等和包容的数字化社会和数字化治理体系，从人文关怀和以人为本的角度出发，将每一个学生都纳入数字化社会的制度设计之中，充分尊重和保护每一个学生的互联网合法权益。此外，还应当致力于解决数字化社会实行和治理所引起的信用体系滥用、数据安全和个人数据隐私等一系列问题，为学生提供一个安全可靠的数字化环境。

第二，学生的数字孪生画像。在探究学生的数字孪生画像之前，必须先了解清楚"数字画像"和"用户画像"的概念。数字画像正是以大数据、学习分析等为基础技术，通过具有多模态信息特征的数据（如基本信息、行为数据、心理数据）所构成的代理原型，一般包括数据采集、数据处理、画像建模和画像应用四个主要步骤，用于支持决策、改进管理和优化服务。[①] 而用户画像作为数字画像的一个类别，将刻画对象聚焦到人，通过融合用户的多维属性以及交叉分析用户数据，关注用户的行为、动机，洞悉用户获取知识的特征和规律，从而用以区分用户群体、了解用户需求和发掘潜在用户。[②]

进入数字孪生教育时代，可穿戴智能设备和各项虚拟数字化技术将共同促进学生的"赛博格化"，这意味着学生会逐渐实现虚拟实体化——人的物理身体状态、形态、动作、活动等被多维度、多层次地实时映射于虚拟世界之中并形成覆盖于绝无仅有的、每个学生的数字孪生体，即学生的数字孪生画像。梅洛·庞蒂（Merleau Ponty）从身体的角度指出："我们身体不是并列器官的综合，而是一个协同系统，它的所有功能在在世之在

---

① 王永固、陈俊文、丁继红等：《数据驱动的教师网络研修社区数字画像构建与应用——基于"浙江名师网"的数据分析》，载《远程教育杂志》2020年第4期，第74-83页。

② Iglesias J A, Angelov P, Ledezma A, et al. Creating evolving user behavior profiles automatically. IEEE Transactions on Knowledge and Data Engineering, 2012, 24 (5): 854-867.

的一般运动中被重新把握和联系在一起"，由此，"身体不再作为世界的物体，而是作为我们与世界联系的手段的身体。"① 学生身体参与的学习活动和学习环境的具身性不容忽视，学生的数字孪生画像强调"亲身经历"，必然是与自然环境、社会环境、认知内容实时交互的。同时，未来思考和决策都是在虚拟的数字孪生画像中完成的，而执行是在学生实体中完成的。就像人们的思考依赖大脑，执行依赖四肢一样。构建完善的、能动的、真实反映的学生数字孪生画像是未来教育不可缺失的重要一环。

数字孪生是以数字化方式创建物理实体的虚拟模型，借助数据模拟物理实体在现实环境中的行为，通过虚实交互反馈、数据融合分析、决策迭代优化等手段，为物理实体增加或扩展新的能力。② 触类而思，通过数字孪生构建学生实体的数字化映射模型也是认识、发展和延伸学生实体的一种可行性手段和载体。动态的数字孪生学生画像可以实时抓取各项动态数据和历史数据并与不同场景进行高度适配，如通过大数据、物联网、智能传感设备等获取学生在学习空间中的实时位置和行为轨迹变化，借助 VR 技术追踪学生的视线移动和焦点关注以分析学生在学习空间中的学习需求和意向并提供学习策略，通过可穿戴设备读取学生的心跳、脉搏等生理要素以监测学生的情绪起伏和变动，从而提高了学生实体的"可视化度""可量化度"和"可跟踪性"，生动刻画出虚拟实体化的孪生学生形象，创新了学生于学习场景中的在场方式和参与方式。此时，"数字化学生"的概念也不再仅仅游离于各种虚拟空间中，而是虚拟学生和现实学生个体之间不断趋于融合。

以学生数字画像在高校思政教育建设和规范管理为例，数字孪生以学生的基本生理属性、日常习惯、学习动作、学习习惯等信息作为数据源来进行分析、预测和整合，从而科学和精准地构建出能够镜像反映客观实体

---

① ［法］梅洛·庞蒂：《知觉现象学》，姜志辉译，商务印书馆 2001 年版，第 129、270 页。
② 陶飞、刘蔚然、刘检华等：《数字孪生及其应用探索》，载《计算机集成制造系统》2018 年第 1 期，第 1-18 页。

真实情况的"三化"（形象化、可视化、标签化）学生画像。教育者可以通过学生画像准确地识别和区分每一个学生的学习能力和学习需求的异同，深刻了解每个学生的成长背景、思想动向、素养水平并以此作为具体教学工作安排的主要依据，从而遵循因材施教的教育原则和提高学生的思想道德素质并使学生成为社会所需要的人才。

诸如此类，学生的数字画像在高校图书馆生态服务的改善升级中也得到广泛应用。透过学生画像的数据分析和监测，高校的图书馆管理员可以实时知晓每个学生的图书借记情况、兴趣图书类别、图书使用频率等关键信息，进而及时和适时地向学生推送目标图书的动态、提醒和警示学生相关图书的归还日期、生成个性化的图书阅读分析图表，帮助学生做好图书阅读规划和阅读反思。此外，学生画像经过迭代升级变成"数字孪生学习者"。"数字孪生学习者"，是指在数智融合驱动下，以学习者为中心，为提升学习体验与效率，通过全方位、全周期地采集、处理、分析而形成学习者的相关数据，基于学习者动态数据映射而镜像生成的虚拟孪生体。[①]这时，学生随即可以解锁进入基于虚拟现实和增强现实的虚拟图书馆中自由翻阅图书和资料、随时切换多本书籍、"近在咫尺"地观看生动形象的故事重演或实验示范，从而颠覆了传统图书馆单一空间局限并带给学生新奇的阅读体验。

值得注意的是，学生的虚拟实体化并不等同于"缸中之脑"的悖论，也不意味着孪生画像可以将学生实体取而代之。但目前也存在人工智能僭越行为的问题，甚至出现"人工智能万能论"的说法，严重时会演化成"技术凌驾于学生本体之上"的扭曲理念。如何规范技术伦理成为当务之急。首先，必须宣扬人文情怀，彰显人文精神。人类的感知觉、同情心、创造力、情感等是机器无法产生的，即机器和技术不可能取代人类。由此，应该根据自然教育原则，为学生提供以人为本的学习支持。其次，防

---

① 艾兴、张玉：《从数字画像到数字孪生体：数智融合驱动下数字孪生学习者构建新探》，载《远程教育杂志》2021年第1期，第41-50页。

范智能僭越，提升学生本体的主体地位。教师应积极引导学生摆脱对技术的片面崇拜并提高自身主体地位的意识。再次，关注学生的学习生态，增加师生互动。教师应客观评价学生的学习表现和及时反馈学习结果，在学习过程中与学生保持良性的、友好的互动。最后，提升学生技术素养，发展学生技术道德。帮助学生正确认识智能技术的价值、限度与作用，谨守道德和注重自身素养，不侵犯他人的技术隐私、不滥用技术资源等。

第三，学生的数字化阅读。数字化阅读可以理解为相对于传统的纸质阅读而言，其载体形式、阅读情境、交互体验等都与传统阅读有着本质的区别，它以智能移动设备（如移动手机、电脑等）为载体，具有知识海量性、操作便捷性、高度互动性等特征的新型阅读方式。数字化阅读近十年来不断持续上升，带动了全民阅读从传统的图书阅读向移动阅读、智能终端阅读和数字化阅读的方向发展。

数字化阅读的问世对全民阅读起到多方面的影响和不可忽视的推进作用，它能够推动全民阅读人数的不断增加，越来越多的人加入阅读队伍的行列中；它也能够推动全民阅读不断向纵深发展（如有声阅读通过朗读者声音和配乐融合，有效增加了学生的阅读时长和促进学生更加专业化地阅读，并以此吸引了大量的年轻群体积极参与全民阅读，养成阅读的良好习惯）；它还具备丰富的知识资源和书籍类型，能够推动经典著作和文化作品的广泛传播。

然而，现行的数字化阅读存在着自身无法克服的局限性，给学生的发展带来一定的阻碍。例如，数字化阅读缺乏阅读的人文内涵、人文精神与体验，获得感欠缺，难以建立完整的知识系统，甚至可能导致读者思维模式受损。具体表现为以下方面：其一，现行的数字化阅读蚕食了传统的纸质阅读中固有的、真实的触感和体验感而致使读者丧失了阅读的趣味与价值感。其二，非系统性阅读和过度的"碎片化"阅读严重时可导致读者认知困难、失去阅读方向，从而不利于读者认知发展和知识系统的构建。

数字孪生时代下，数字化阅读将会随之升级与健全。数字孪生技术将会丰富数字化阅读的具体形式，打破了传统的以纸质读物和现行的电子设备界面进行阅读的方式。在数字孪生学习空间中，虚拟现实技术和增强现实技术使得学生能够以具身参与的方式进入知识内部，以切身感知的方式进入渊博的知识世界，大数据技术使得学生能够自主地、精准地选择所需的书籍知识和书籍领域；人工智能技术可以为学生提供"书籍讲解机器教师"，帮助学生答疑解惑。数字孪生赋能下的数字化阅读无疑能够为学生带来多方面的益处。数字化阅读的丰富性与交互性，文本的通俗化、多元化、图文化、电子化极大地影响了人们的阅读方式与阅读习惯，丰富了学生的语言与想象能力；[1] 可视化导航和链接相结合的呈现方式有利于提升学生阅读时的专注度，培养学生抽象思维逻辑与问题解决能力。

我们不妨以党史党建数字化阅读的建设为例，深入体会数字孪生下的数字化阅读发展现状与预期。党史党建出版物是指具有马克思列宁主义、红色文化、爱国主义和革命精神等，包含新中国成立发展史、社会主义发展史、改革开放发展史、中华民族优秀传统文化、革命文化、社会主义先进文化等以党的历史、党的建设为核心的出版内容，拥有 9500 多万名党员和 14 亿人口等以党员干部为主体和以广大群众为并重的读者对象，涉及中共党史出版社、党建读物出版社、学习出版社、人民出版社、当代中国出版社等多家出版机构，涵盖传统书报刊纸质读物、视频音频读物、"AR + VR"虚拟对象读物等以融合出版丰富载体形态的出版载体的创新型读物。[2] 这种数字化、信息化、虚拟化的阅读形式一方面促进和丰富了党史党建读物的展示方式和党史党建教育的实施模式，使得党史党建教育更加受广大读者的欢迎，吸引更多读者自发地了解和研究我国宏伟的党史党建的伟绩，另一方面开通了党史党建传播和畅通的多元渠道，打破了以往信

---

① 王佑镁：《数字化阅读对未成年人认知发展的影响研究》，载《中国电化教育》2013 年第 11 期，第 6-11 页。

② 常昕：《党史党建类出版物数字化阅读推广实践研究》，载《出版发行研究》2021 年第 11 期，第 87-91 页。

息输送上的单一时空局限，进而赋予党史党建读物和教育大众化、生活化、多元化、年轻化等时代特征，推动党史党建教育不断迈向新高度。

在新一代信息技术的支持下，各项数据库资源实现了互融互通，各类智能化学习平台"横空出世"，使数字化阅读具备了互动性、沉浸式、广泛性等阅读新特征。如2015年人民出版社搭建了"党员小书包"党史党建学习平台，为党员和群众等广大读者提供了互动性极高、考核方式和测评渠道丰富、阅读材料和内容充盈、阅读高效的阅读新形式和新平台，实现了集电子阅读、移动阅读、个性化阅读设计、科学阅读组织、人性化考核、信息交互等功能于一身的阅读体验，适应了中国共产党队伍日渐高质量化、专业化、纯洁化、年轻化和高学历化等新形势。又如由名为"博乐信息"的AR/VR互动内容运营商于2021年乘胜推出的"党建书屋"的智能应用，开创了"AR+党史党建"的创新阅读模式。

诸如此类的应用还包括阿里云上线的"AI党建云"智能平台，借助云计算、沉浸式AR/VR、5G技术等为广大读者带来了在线"三会一课"（"三会"是指定期召开的支部党员大会、支委会、党小组会，"一课"是指按时上好党课）、线上办公、党史党建信息透明的优质服务并由此吸引了众多读者加入党史党建的阅读行列中，有效推动了党史党建的健康传播和发展。该应用的落地主要依靠虚拟现实、增强现实、智能感知、数据跟踪、人机协作与交互等关键技术搭建虚拟的、可视化的3D党史党建图书馆，随后阅读用户可根据个性化需要自由地获取学习信息和资源，借助隔空手势操作自主地打开和翻阅党史党建资料，适时适地地做阅读笔记和阅读标签。这时，繁重的学习任务无从下手、学习文件繁杂、查询及搜证渠道闭塞、信息资源缺乏整合、失真等问题也将不复存在。

回归当下，一方面需要继续加大公共图书馆和党史党建信息化和数字化阅读的推广工作，推动党史党建教育和阅读不断向纵深发展，另一方面需要想方设法丰富数字库的精彩内容和工具操作功能，帮助广大党员和平民百姓克服被动参与和要求的低质量阅读，以加强阅读对象和学习主体对党史党建阅读的依赖性和黏性。另外，需要加强对阅读人群的详细划分，在明确了严肃读物的大前提之下推动"分众阅读"，根据不同的年龄阶段、不同地域、不同风土人情、不同生活习惯等因素，分别为中国共产党员和广泛的人民群众定制不同深浅、不同侧重点、不同角度的数字化内容，使党史党建的内容得以补充、延伸和完善。

第九章

数字孪生驱动下的沉浸式学习

移动互联网、虚拟现实、人工智能、大数据、数字孪生和元宇宙等新兴科技正以迅雷不及掩耳之势改变了我们的学习方式和生活方式，沉浸式体验已越来越受到重视。基于泛在智能的沉浸式场域是在数字孪生技术支持下营造的空间活动体验，具有虚实结合、无边界、情境多样化与具身性等特征，创造出了更为优质的学习空间。学习者从中体验到感官的震撼和思维的认同，沉浸式体验为其积极主动学习、提高认知、培养共情力等创造了机会。

一、沉浸式理念及其发展

在这个万物皆数、体验为王的新时代，学习是具身的、全域感知的、智能以及交互的。这种沉浸式学习不仅为学习者创建了舒适的学习空间，而且使学习者获得更高质量的学习内容，令其能够从不同的角度观察并从中获得领悟。在积极参与各种模拟或场景体验中，学习者快速投入学习过程中去提升自身的认知能力、想象力与创造力思维等，而提供更高效的学习途径，也是面向数智时代培养大量具有想象力和创造力人才的重要通道。学习要基于一定的情境中，在知识与情境的共同互动中发挥作用，学习才被赋予真正的意义。尽管提高学习成绩与效率的方法可能有很多，但营造身临其境的互动学习与体验，毫无疑问是学习者保持高效而持久的学习状态并进行有意义学习的一个最佳途径。

(一) 创感时代呼唤沉浸感学习

《全新思维》作者丹尼尔·平克 (Daniel H. Pink) 将未来时代概括描述为"创感时代" (conceptual age)，他认为社会的控制者将从强调左脑统治的逻辑、线性、基于推理思维方式的"信息时代"，发展到一个全新的、注重右脑的、综合的、创造性的、基于境脉思维方式的"创感时代"。[①] 随着时代的变迁，人类用脑逐渐从顺序性、文本性、细节性的"左脑"向具有整体性、静脉性、全局性的"右脑"变化，右脑的地位在提升。相信人们也已深刻地体会到"创造力和感受力"时代的到来，以往的体力劳作、流水线工作、数据处理类等简单工作都逐渐被人工智能所代替，未来将属于那些拥有与众不同思维的人。这促使人类迫切需要重构新的知识体系和学习方法。在目前重点培养"左脑"教育的基础上，加强对"右脑"创造力和感受力的教育，来应对迎面而来的人工智能的潮流。

在信息时代，高级知识分子是知识经济社会的精英，要求人人都具备基本知识。进入创感时代，随着人工智能、虚拟现实、数字孪生等新技术的高速发展，要求人人都要具有基本想象能力，社会精英则变成了具备超级想象能力的创新者，是驾驶历史的"火车头"。那想象力的定义是什么呢? 百度百科的定义是，想象力是在大脑中描绘图像的能力，当然所想象的内容并不单单包括图像，还包括声音、味道等五感内容，以及疼痛和各种情绪体验都能通过想象在大脑中"描绘"出来，从而达到身临其境的体验。想象力是在人头脑中"描绘"画面的能力，就好像是一只画笔，凭借人的意志，什么东西都可以在头脑里画出来，清晰的、色彩鲜艳的、天马行空的想象力是人大脑中一种强大的功能，属于右脑的形象思维能力。

在"创感时代"发展右脑功能，学习是怎样的呢? 首先必须建立一个

---

① 黎加厚:《商品、全球化与创感时代》，载《远程教育杂志》2008 年第 2 期，第 79 页。

虚拟场景或具有情境的虚拟空间，其次学习者才能选择合适的学习工具，包括学习视频、动画、数字化虚拟情景结合等，最后实现正规学习与非正规学习，它们常常相伴而行，边界越来越模糊。而正是这些更真实、更自主、更沉浸的交互体验加入学习中，使得如今的学习比以往更容易产生沉浸感。如今的学习者是在数字环境中成长起来的，他们了解智能化生活，只要轻点指尖就能毫不费力地横跨世界，基于新型的、充满动感并带有游戏元素成分的网络学习内容与方式，更能激发学习者学习的动机。由此可见，创感时代呼唤更多的沉浸感学习。

（二）沉浸式教学及其发展

在自媒体流行的时代，网络上造词的速度非常快，"沉浸式"便是其中之一，其已蔓延至各大平台，比如沉浸式化妆、沉浸式吃饭、沉浸式拆快递等。如果去看这一类沉浸式的视频，就会发现有一个共同的特点，就是这类视频基本上没有特别嘈杂的背景音乐，也没有花里胡哨的特效，"沉浸式"视频是安静到只有实声，博主专心做自己事情的短视频。因此，沉浸式一般是指参与者集中精力于当前的目标情境下，如同置身于虚拟世界并感到十分愉悦和满足，而忘却了真实世界的情境。沉浸式从一开始的小众到现在的流行，像一颗不断开枝散叶的大树。现今，万物皆可沉浸，教育就是其中的典型代表。

沉浸式教学（immersion instruction）起源于 20 世纪 60 年代的加拿大，是一种基于学科内容，以目的语为教学语言的教学模式。[①] 沉浸式学习最初应用于第二语言的学习，教师除教授专门第二语言课程外，还要营造第二语言环境，用第二语言进行其他学科课程的教学，学生在"沉浸"过程中无意识地习得语言，在掌握第二语言之外同时实现其他课程的学习目标。在加拿大的官方语言中，英语和法语并存，除了拥有大量英语人口以

[①] 江傲霜：《对美国中文沉浸式教学的思考》，载《民族教育研究》2017 年第 3 期，第 95—100 页。

外，还拥有大约 20% 的法语人口，因此这种以第二语言为教学语言的沉浸式教学模式最早应用于加拿大。在 20 世纪 60 年代，加拿大法语区将法语作为全部课程的教授语言，首先在幼儿园和小学开始进行沉浸式教学实验，此实验一直延续到学生高中课程并取得了出人意料的成效，随后加拿大各地进行沉浸式教学的推广。结果证实，普通学生在语言技巧、创造能力、智力水平等方面，远不及接受过第二语言沉浸式教学下成长起来的学生。

随着沉浸理论的提出与发展，沉浸式学习在心理层面得到进一步发展，为学习者带来身临其境般的心理体验。1975 年，美国芝加哥大学心理学家米哈里·契克森米哈赖（Mihaly Csikszentmihalyi）通过观察人们的日常行为，提出并描述这样一种现象：当一个人注意力高度集中，完全投入某种活动之中时，就会暂时忘记周围的一切，而且完全不受其他事情干扰。米哈里·契克森米哈赖把这种状态描述为"忘我"，并提出"沉浸"（Flow，也译为心流）、"最优体验"（optimal experience）、"沉浸体验"（flow experience）等理论观点的概念。米哈里·契克森米哈赖认为："心流即一个人完全沉浸在某种活动当中，无视其他事物存在的状态。"① "最优体验"是指我们觉得能够控制自己的行动，主宰自己的命运，并将自己的体能与智力都发挥到极致，进而产生一种能自行决定生命内涵的掌控感与参与感。② "沉浸体验"是"专注的快乐"和"能力与挑战的平衡"，具有明确的目标、即时的反馈、加速的时间飞逝、协调合一的身心关系等特征。③ 心流理论认为，挑战与技巧是影响沉浸体验的主要因素，即如果挑战难度太高，参与者对环境控制能力较低，就会产生焦虑或挫折的情绪；

① ［美］米哈里·契克森米哈赖：《心流：最优体验心理学》，张定绮译，中信出版社 2017 年版，第 67-70 页。

② ［美］米哈里·契克森米哈赖：《发现心流：日常生活中的最优体验》，陈秀娟译，中信出版社 2018 年版，第 65-66 页。

③ ［美］米哈里·契克森米哈赖：《发现心流：日常生活中的最优体验》，陈秀娟译，中信出版社 2018 年版，第 52-57 页。

反之，挑战太低，参与者会觉得无聊甚至产生厌倦情绪。只有挑战和技能处于平衡状态，沉浸状态才会出现。沉浸体验就是人们完全投入正在进行的活动，注意力专注于一个清晰的目标，并在能力与挑战处于的动态平衡时获得高度的兴奋与充实感而不会感到厌倦的境界，形成一种正向的、积极的良性心理体验。

沉浸体验作为一种普遍的心理状态与积极的心理体验，使得沉浸理论被广泛地应用于在社会生活的各个领域，沉浸式学习也成为现代社会的重要学习方式之一。基于心理学沉浸理论的沉浸教学模式，有学者对其进行界定："沉浸式教学模式是指教育教学工作者在施教过程中，巧妙地运用多种教学手段，激发学习者的学习兴趣，使学习者进入一种'沉浸'体验的学习状态，从而提高教学水平与成效"[①]，具体表现为一方面教师要重视学生的学习体验，包括学生的兴趣、学习动机等；另一方面学习者要完全参与学习过程，真正成为学习的主角。这个教学过程是教师的沉浸教学和学生的沉浸学习所构成的双边互动过程，实现学习者在心理层面的沉浸化体验。

进入 21 世纪后，新一代信息技术蓬勃发展，其中虚拟现实技术（VR）被认为是影响人们生活的重要技术之一。VR 技术可以创造一个虚拟空间或模拟再现真实情境，用户通过 VR 设备获得更真实、更沉浸的交互体验。VR 系统具有三个主要特征：沉浸感、交互性与构想性，其中沉浸感是虚拟现实技术最显著的特征。沉浸感是指用户在虚拟空间与真实世界十分逼真，对虚拟空间难分真假，虚拟空间里面的一切看起来、听起来，甚至闻起来等都与真实世界相似，让人沉浸其中。基于虚拟现实技术的沉浸式学习，为学生构建了一个新型学习场域，可供学生开展真实的情境式学习、沉浸式体验等实践活动。这种学习模式让学生在虚拟现实营造的虚拟环境中，与环境中的物体进行交流，复杂知识以多元的呈现方式去理解，实现在学习过程中的感官沉浸。

---

① 余璐、周超飞：《论我国高等教育中的沉浸教学模式与实践》，载《河南社会科学》2012年第 6 期，第 78-80 页。

二、数字孪生促进沉浸式学习的升级

数字孪生作为最新一代信息技术的大综合和大集成，具有不可比拟的技术优势，其实现了现实世界中的物理实体到虚拟世界中的镜像数字化模型的精准映射，并充分利用双向交互反馈、迭代运行，以达到物理实体状态在数字空间的同步呈现。在虚拟现实的发展中，无论是 VR、AR、还是 XR、MR，都是为了构建一个虚拟世界。而在现实生活中，最终可能需要构建一个真实世界。数字孪生的实质则是建立现实世界中物理系统的虚拟数字镜像，贯穿于物理系统的全生命周期，并随着物理系统动态演化。数字孪生是物联网发展的新阶段，数字孪生的应用普及将推进以"万物互联"为目标的传统物联网向"万物智联"为目标的下一代物联网演进，人类的信息沟通方式也将朝着沉浸传播转变。

数字孪生与作为沉浸科技代表的虚拟现实技术的融合在教育中的应用，必将促进学习空间的升级，也将进一步促使教学结构、学习资源和学习方式的变革，在推动沉浸式体验场域迭代更新的同时，也为学习的片面沉浸的升级与融合提供条件与动力。

（一）沉浸式场域的升级

沉浸理论与智能技术的逐步完善，将促进沉浸式体验不断优化，并推动沉浸式体验场域的迭代更新。

沉浸式场域的最初形式，可以追溯到古代遗址以及中世纪欧洲教堂中的壁画、雕塑、建筑等，这些都是为人类打造的沉浸式体验的重要载体。例如，雕塑家贝尔尼尼（Gianlorenzo Bernini）为罗马胜利之后圣母堂之科尔纳罗礼拜堂创作了一件大型雕塑《圣特雷萨的沉迷》（*The Ecstasy of Saint Teresa*）。[①] 设计者为了让信徒能更好地感受到对上帝的虔诚，在实体

---

① 常雷：《"沉浸式体验"在视觉文化中的媒介传播及其应用》，载《山东工艺美术学院学报》2018 年第 3 期，第 83—85 页。

环境中运用实体雕像和自然的光线照射等，营造亦真亦幻的情境与视觉效果，信徒仿佛身处其中，如此戏剧般的体验，令当时无数天主教教徒为之痴迷。这种完全依赖于实物和物理空间所营造氛围的形式，可称为实体沉浸，是沉浸式场域的萌芽。[1]

随后，虚拟技术不断发展，并在人们生活得到越来越广泛应用。虚拟现实运用新一代信息技术为人们创建了一种虚拟全景的空间形态，通过全方位的感知，糅合了人的视觉与听觉，创造出一种与现实相似的梦境世界，任何环境都可以为体验者所呈现，不受时间和空间的限制。同时，虚拟场景包括物体间的交互，实现了具有沉浸式、覆盖视野以及虚拟现实技术下所渲染出来的场域体验方式。可见，这种虚拟沉浸能够让人更加真实地感受到虚拟的空间体验感。

将虚拟现实技术与博物馆结合，能够改变常规展览多以静态形式呈现的状况，将"人移动、内容不动"的"检阅"模式向"人移动、内容也随之变化"转变。"人移动、内容也随之变化"的展示模式与富有故事性的情境相结合能够很好地强化沉浸感，从知识、智慧和情感层面为参观者提供全方位丰富的体验。例如，兰登国际 2012 年打造的沉浸展览"雨屋"就是一个典型的"人移动、内容也随之变化"的沉浸体验案例。它创造了一个与水互动的奇幻展示空间，空间内充斥着不间断的雨，参与者可以自由地在滂沱大雨中穿梭、嬉戏，却丝毫不被淋湿。[2] 设计者利用灯光、背景声音、文化元素的布局，从视觉到多感官的综合刺激下，将参观者快速带入塑造的情境中。这种基于虚拟现实技术所营造的氛围形式，可称为虚拟沉浸，为沉浸式场域带来了新的变化和发展。

未来，依托 5G、拓展现实（XR）技术的开发、云计算的迅速发展以

---

[1] 徐铷忆、陈卫东、郑思思等：《境身合一：沉浸式体验的内涵建构、实现机制与教育应用——兼论 AI+沉浸式学习的新场域》，载《远程教育杂志》2021 年第 1 期，第 28-40 页。

[2] 王开：《沉浸体验在博物馆展览中的应用探索》，载《博物馆管理》2019 年第 1 期，第 50-59 页。

及数字孪生的充分融合，沉浸式场域的研究重点将从硬件设施发展向呈现具有个性化设计与更优质的内容转型，并实现由虚实沉浸走向泛在智能的全面沉浸。泛在智能的沉浸式场域，主要通过全域交互的形式重构体验，带来千人千面的独特内容。① 泛在智能的沉浸式场域具有无边界、情境多样化与具身性的优势，参与者能够获得沉浸体验并在其中展开交流与探讨，并借助可视化、数字建模等智能技术，对参与者直接施加视觉、听觉和触觉等全身心感受，并为其交互地观察和操作提供全新的环境与支持。

其一，无边界。无边界旨在打破学习壁垒，学习可见、人人能学、时时可学是泛在智能沉浸式体验空间的重要表现，智能技术的发展使其突破了对现实物理世界的条件、时间与空间的束缚，建立多维的学习空间，实现无边界教育，人们可以自由去体会、探索和体验各种未知的领域，还能够实现在现实生活中因受各种因素制约而难以实现的事情，从而达到体验的延伸性、丰富性与愉悦性。无边界不仅具有"空间"之间的叠加之韵，而且还呈现出多维性、开放性、多元化和自由性等特质，更涵盖了科技理性与哲学理论的双重场域。②

其二，情境多样化。情境多样化在沉浸式空间中提供深度互动的、智能化支持等服务，提供人与虚拟世界之间互动的条件，进行实时感知并得到反馈，进而再次投入体验或探究中。泛在智能沉浸式空间开启了多维度、多感官沉浸的情境体验方式，实现了由 2D 图像到 3D 多维全景形式呈现，能让参与者从仅有的感官沉浸向全身心沉浸驱动。此外，还可以实现在现实世界中无法实现的情境，通过数字孪生、虚拟现实、全息影像等智能技术创设无限拟真的现实情境，也可以绘制基于想象的幻想情景。

其三，具身性。在泛在智能沉浸式空间中，实现了体验的具身性。以

---

① 徐铷忆、陈卫东、郑思思等：《境身合一：沉浸式体验的内涵建构、实现机制与教育应用——兼论 AI+沉浸式学习的新场域》，载《远程教育杂志》2021 年第 1 期，第 28-40 页。

② 裴萱：《从"赛博公民"到"空间分形"：赛博空间视域中的美学框架及话语流变》，载《文艺争鸣》2016 年第 6 期，第 99-110 页。

往，无论是实体沉浸还是虚拟沉浸活动，都无法满足身心的双重沉浸，亦不能实现身临其境的具身化沉浸体验，而在泛智沉浸空间中，要求参与者以具身化形式存在，并对虚拟物体交互感知。在此过程中，可全面调动参与者的各种感觉系统与全方位环境进行互动交流，为参与者构建独特且完整的高度沉浸式体验，同时创设各类具身产生的条件，大大增强的画面感与更长时间的感受、体验环节，使参与者能够产生身心融入的具身认知，在心理认知和情感水平均能获得发展，实现身心双重沉浸。

总之，基于数字孪生技术打造的泛在智能沉浸场域将突破传统的教学局限性，为学生创造一个可以具身体验、情景直观、实时交互的无边界虚拟环境，在学习的过程中，学生是以"上帝视角"来寻找适合自己的学习方式的。

（二）片面沉浸向全面沉浸升级

根据沉浸理论研究，沉浸式学习是在学习活动中，学习者全神贯注，完全不受其他人或事物的干扰，进入一种"与世隔绝"的情境，是一种高度集中忘我般的学习状态。与数字孪生相关的技术的快速发展，为沉浸式学习打造了身临其境的场域，学生通过体验、交互、探究等行为提升知识与技能、情感态度价值观以及思维方式。同时，数字孪生促进教学结构、学习资源、师生沉浸的全面升级。

首先，教学结构的升级。沉浸式教学的教学结构构成要素，主要包括教师、学习者、教学媒介和认知。教学活动就是教师和学习者在相互沟通与交流中进行的认识活动，是师生认知发展的过程。教师和学习者是沉浸式教学的主体，教学内容、教学媒介等都是客体，服务于主体。[①] 学习者需要主动激活头脑中的先前知识经验，通过高层次思维活动，对各种信息

---

① 艾兴、李苇：《基于具身认知的沉浸式教学：理论架构、本质特征与应用探索》，载《远程教育杂志》2021 年第 5 期，第 55–65 页。

和观念进行加工转换，对新、旧知识进行综合和概括，形成新的认知结构；教师在教学前需要以学习者的经验为基础，构建新的认知；教学媒介是教学内容的载体，是师生传递信息的工具，包括学习资源、学习环境、教学设施和教学方式等。基于数字孪生驱动下泛在智能的沉浸式场域，与教育相融合作为教学媒介来实现教学媒介沉浸化的升级。虚拟现实技术由于显示器硬件技术的移动性不够强、分辨率较低等技术瓶颈，用户视角与人眼的真实视角存在较大的差距。网络条件、应用环境、交互设备等制约致使用户使用 VR 过程中会产生眩晕感，而不能专注于学习场景，进而影响学习效果。数字孪生技术的强大优势以及与其他新兴科技的融合发展将有效地解决以上困扰的问题，使沉浸式体验趋于理想化。同时，泛在智能沉浸式场域中的教学时空结构的外延也在不断扩大，沉浸式教学的课内和课外的教学时空结构的边界越来越模糊，呈现出虚实融合、虚实共生的特征。

其次，沉浸式学习是以沉浸理论为基础的新型学习形态，其学习资源必然具有沉浸化的特征。通过 5G、虚拟现实、数字孪生、全息投影等技术的充分融合，能够创建新型的沉浸场域与学习资源。学习资源沉浸化不再局限于固定的教室、实验室、图书馆等真实场域，而是突破了真实世界的时空限制，同时推动知识形态从晦涩难懂转变为生动形象、从枯燥单一转变为丰富多样，为沉浸式学习形成了有别于传统知识内容的更具多元化、交互性的教学资源。学习场域和学习资源的泛在化与多样性，让学习者能够足不出户就可以进入学习场景中，在体验中主动探索知识并获得学习的乐趣，提高学习者的自主探究学习能力，学习者此时从感官沉浸向行为沉浸转变，从而获得新知识、新技能。同时，这就需要借助数字孪生等技术开发无比丰富的学习素材、学习工具、学习场景等虚拟学习资源，学习者可以根据自身学习需求在智能场域中选取资源，提升智能适应学习能力与技巧，虚拟的学习资源因其泛在化与沉浸性更容易增强学习者的沉浸感，从而使其获得全身心的沉浸体验。

最后，沉浸式学习强调学习者的主体地位，将教师和学习者都视为教育的主体，改变了师生主客二元的局面。其目的在于唤醒学习者的主体意识，充分调动学习者学习的积极性、主动性和创造性。数字孪生技术融合下的沉浸式学习体验，能使学习者全面体验视觉、听觉、触觉、嗅觉等感官感受，实现学习过程的全身心充分参与。沉浸化学习媒介与学习资源为学习者提供了更易于实现身心沉浸体验的学习情境，学习者成为学习环境的主导者。在沉浸式学习形态中所表现出来的即是学习者的主动沉浸，学习者可以随时进入或离开沉浸情境。例如，学习者可以选择特定的时间、特定的情境进行第二语言的学习。相反，学习者如果在被动沉浸的方式下，则不能自主安排学习的环境、资源，不能自主控制学习过程。比如，玩游戏就是一种明显的被动沉浸，一旦开始就难以停止。教师是学习环境的设计者，为了实现学习者的全方位沉浸化，教师应运用多种沉浸化手段，提供丰富的沉浸化材料，创设让学习者全身心投入的环境与情境，以提高学习者对知识的渴望与学习兴趣，并在能力与挑战的动态平衡中实现自我发展。学习者真正获得全身心的学习体验，自然而然就会实现沉浸式学习中所倡导的平等师生关系。

全面沉浸化是智能时代的学习新形态，实现了从片面沉浸化到全面沉浸化，是在数字孪生支持下实现教学结构、学习资源、师生沉浸方面的升级。①

三、沉浸式学习的应用

目前，沉浸体验以其独特的优势被广泛应用于各个领域，尤其是教育领域。各种智能技术建构的沉浸式环境为学习者提供一个高度参与感的学习环境，学习者通过参与互动、体验而内化相关知识与技能。并且，这种

---

① 安传迎：《5G+VR 促进大学教学从片面沉浸化到全面沉浸化》，载《重庆高教研究》2021年第 4 期，第 59-68 页。

沉浸式的环境能够营造身临其境的情境，使空间从一个静态的空间呈现动态多元化的空间形式，吸引学生进入其中。这种利用数字技术手段的学习方式，不仅可以应用于游戏化学习中，而且可以广泛应用于红色旅游、红色纪念馆、红色教育等各个领域，符合学生学习和思考的方式，可以让学习事半功倍。

（一）游戏化学习

孩提时代，人类天生好奇，自由自在地探索周围的世界，不断地进行模仿和学习。然而随着年龄的增长，人类更喜欢的是维持已学到的东西，对任何挑战自身观点和理念的信息和数据甚至达到抵制的程度。可见，人类学习的动机是随着年龄的增长而逐渐减弱，尤其是在成年期。在针对某大学新生的一项调查显示，有30.4%的学生厌恶学习，在学习中无法感受到快乐。学习动机是影响和激励学生进行学习活动过程中的心理因素，动机的缺失直接影响学习效果。因此，学习动机是一个非常值得关注的现象。

一方面是学生学习动机不足的问题，另一方面是学生沉迷在游戏中的行为屡见不鲜。根据一项调查，世界所有玩家花在《魔兽世界》上的总时间超过593万年，相当于从人类祖先第一次站起身来演进至今的时长；而青年在21岁以前，玩游戏的平均时长超过10000小时，10000小时足以让他们成为专家。那何不通过游戏，让学习变得更有趣，甚至解决学习动机危机呢？

关于游戏的价值，有研究者总结出游戏的三层核心教育价值，分别是游戏动机、游戏思维和游戏精神。[①]

首先是游戏动机。动机是激发和维持有机体的行为，并将使行动导向某一目标的心理倾向或内部内驱力，是决定行为的内在动力。动机是在需要的基础上产生的，当人的某种需要没有得到可以满足时，它会推动人去

---

① 尚俊杰、蒋宇：《游戏化学习：让学习更科学、更快乐、更有效》，载《人民教育》2018年第Z2期，第102-104页。

寻找可以满足需要的对象，从而产生活动的动机。游戏动机的教育价值是指游戏因其能够满足个体的需要而被应用到学习中，吸引个体主动进行学习，从而喜欢学习并且享受学习的内部驱力。从生物学的角度来看，我们都知道人体内有多巴胺，有一种神经元可以分泌多巴胺，多巴胺可以让人产生兴奋。由于游戏里的通关目标都非常清楚，通过一个关卡就能升一级，因此，游戏都会设定一个小目标，使游戏者在过关之后不断地受到奖赏，这样能刺激游戏者分泌更多的多巴胺。学习也是如此，把学习拆解成许多小目标，每个目标都有具体的主线任务，当完成了学习任务，学习者就可以获得反馈，从而产生愉悦感，有动力去完成下一个学习任务。

其次是游戏思维。游戏思维是指将游戏的元素、设计方法、理念运用到非游戏情境中。游戏思维的应用领域特别广，比如拼多多的果园游戏、淘宝的盖楼分奖金等。游戏化设计的基本目标就是让用户参与进来并且持续地玩下去，省去企业的营销和运营成本，只有这样才能产生预期积极的商业影响。除了商业领域，游戏化在教育中的应用也十分常见。比如各种背单词 App，学习者通过排行榜可以看到自身与他人差距的反馈，以及通关后的奖励与积分兑换等机制，使原本无聊的背单词变得充满乐趣，成为令人兴趣盎然的游戏，从而激发学习者的学习欲望，提高学习效率。

最后是游戏精神。根据马斯洛需求层次理论，精神需求往往是在物质需求之上的。那么游戏精神也是这样。当处于游戏中时，全身心的投入是一种重过程体验、轻结果追求的精神。游戏的重过程精神，运用于教学之中，需要教师有意识地帮助学生探寻游戏精神并重塑学习精神，让学习者在学习的过程中能够自发、自觉地进行学习。游戏化让学习者成为积极的参与者，而不是被动的知识接受者，从而使教育具有沉浸感和实践性。虽然游戏是重过程的活动，但并不意味着否定游戏的教育目标，而是强调实际存在的目标是由学生自由地努力达到的。游戏过程与结果的发展规律是从"重过程不重结果"经过"重过程轻结果"再到"过程与结果并重"。

除了游戏对教育的三层核心价值外，游戏化学习因能够提供沉浸式体验，而成为沉浸及相关理论探索的实践场域。21 世纪初诞生的虚拟游戏《第二人生》（Second Life），营造了一个可以沉浸体验虚拟人生的虚拟世界，向世人展示了在虚拟世界中生活、工作与学习的可能性。之后，基于数字游戏的游戏化学习研究大量涌现。游戏化学习是指游戏化体验方式与游戏化机制在学习过程中的应用，萌芽于 20 世纪 70 年代。游戏课堂教学是应用于教学过程中、结合教学目的而从事的游戏活动，它的根本目的在于实现特定的教学目的，而不只是在娱乐。因此，每一种教学游戏的设计都应是一定的教学目标服务，将知识点与喜闻乐见的游戏模式有机融合在一起。正如孔子所说"知之者不如好之者，好之者不如乐之者"，乐是学习的最佳境界，相对于传统课堂或者课本，游戏化学习更能激发学生的学习动机，从而使学习者对学习产生兴趣并保持很高的投入。

人工智能与虚拟现实技术的突破，数字孪生、元宇宙概念的提出和应用，也为游戏化学习的发展提供了重要契机。

一方面，表现在游戏化学习与虚拟现实技术相结合。VR 技术在游戏设计中可以模拟环境、全方位感知和交互感等，并在此基础上构成立体动态场景，让玩家通过交互界面和 VR 穿戴设备，直接和游戏中的角色、场景相互沟通。虚拟技术在游戏中为玩家提供沉浸性和逼真性感受，让游戏场景更加逼真。通过硬件头盔、手柄等设备，可以模拟人物在场景中的相关操作，提高交互程度，虚拟现实技术下的游戏设计更具可玩性、公平性和娱乐性，能让玩家在游戏中感受到更多的乐趣。

例如，在学习生物"人体免疫系统"这部分内容时进行基于 VR 教育游戏的开发，将人体免疫系统一些肉眼难以观察到的反应、抽象难懂的概念以及工作过程形象化地呈现出来，并让学习者参与其免疫过程，通过精美形象的游戏场景来激发学习者的兴趣，将学习内容中单薄的图片和文字知识形象地融入，使学习者能够身临其境地置身于教育游戏环境中，增强学习者在研究过程中的体验感，更好地帮助学习者理解和掌握学习内容。另外，通过参与游戏获得的奖励和成就感，增加了他们对生物学科的兴趣。

另一方面，表现在游戏化学习与数字孪生技术的结合。数字孪生中的物理对象和虚拟空间能够双向映射、动态交互和实时连接。因此，与游戏化学习的融合不仅能够为游戏化学习提供高沉浸感体验，还能够保障游戏化学习对焦学习者的需求。首先，广域范围内的学习者被网络技术连接着，学习者可相互选择有共同目标与需求的虚拟沉浸交互对象。同时，数字孪生打造的增强心流体验的学习空间，可增强学习者人际间的沉浸交互体验感。其次，在实时记录机制的赋能下，全过程记录学习者之间的沉浸互动频率、互动内容、互动效果等，学习者将处于沉浸交互体验的优化闭环中。最后，在数据反馈机制下，每位学生在游戏化学习中的语言、行为、情绪等方面的变化情况被精准呈现，并且能够得到基于沉浸互动数据的精准化、多维化、全面化的游戏化学习评价。

数字孪生对游戏化学习的价值，在于引导学习者从沉浸式虚拟体验走向沉浸式学习探究。在这一过程中，可以充分利用泛在智能场域，在游戏化学习中融入更多人与人、人与机器的交互任务与行为，让学习者在具身动态体验与多角度探索中，理解、掌握相关知识点与原理。同时，数字孪生需根据学习者的沉浸体验状态迭代优化，逐级提升游戏化学习的任务难度或改变体验场景、活动方式等，让学习者从完成相对简单的触摸、抓取、移动等高具身性低心流性的虚拟空间观察活动，逐步转为设计、制作、整合等具身性、心流性"双高"的创造性活动。[①] 在整个游戏化学习过程中，可将学习内容的完成度、学习互动的频率、学习者的沉浸程度等进行积分制和徽章奖励，通过智能虚拟助手、智能 NPC 等数字智能体向学习者及时反馈学习情况。

---

① 张文超、袁磊、闫若婻等：《从游戏化学习到学习元宇宙：沉浸式学习新框架与实践要义》，载《远程教育杂志》2022 年第 4 期，第 3—13 页。

（二）红色文化在沉浸学习中的应用

红色文化是指在革命战争年代，由中国共产党人、先进分子和人民群众共同创造并极具中国特色的先进文化，蕴含着丰富的革命精神和厚重的历史文化内涵。红色文化作为我国最具特色的先进文化，不仅是中国厚重历史文化的缩影，更是一种奋发向上的精神和积极进取的动力。随着人们生活水平的提高和旅游市场的发展，旅游行业的竞争也越来越激烈。为了在市场竞争中获得更多优势，各旅游景点、纪念场馆等都会积极引进和利用虚拟现实、数字孪生等新兴技术，以打造更好的游览体验。

首先，红色旅游，是以在革命过程中建树丰功伟绩后产生的史迹纪念地、标志物等及其承载的伟大革命精神文化为吸引内容，组织旅游者实地游览，实现弘扬红色革命精神、接受红色革命文化教育、放松身心、增加阅历的主题性活动。[①] 但由于我国红色旅游景区设计形式滞后，设计理念大多都是以橱窗、橱柜、实物展览等直观方式展示红色文化，这种传播方式易使游客"走马观花"，不能很好地感知红色历史文化，缺乏一定的互动性，阻碍了红色精神的传播，也难以产生"回头客"效应。同时，我国红色旅游景区规划还存在基础设施建设不完善等问题。我国红色旅游景区大多地处偏远山区，受经济发展状况、地理等条件的限制，食住行产业的发展并不完善，阻碍了红色旅游景区进一步的发展。这不仅对红色旅游景区的发展是一种制约，还削弱了旅游者的体验感。

随着爱国主义主题教育浪潮的兴起，越来越多青年人怀有爱国之心，被中华红色文化精神积淀与深刻内涵所吸引，追求红色文明旅游带来的民族自豪感。当前，大多数红色旅游景点的参观方式主要为现场"看"的模式或者"听"的模式。看馆内物品、图片、视频，只能被动地接受展馆中的各种视觉信息；"听"讲解员讲解革命历史的模式，游客很难在脑海中

---

① 党文娟、吴凡：《红色旅游"沉浸式体验"新模式应用——以重庆沙坪坝区红岩景区为例》，载《国际公关》2022 年第 14 期，第 149-151 页。

勾画出当时的历史场景。这些模式已经无法满足参观者的需求，且不能充分表达红色文化的含义，在一定程度上阻碍了红色文化的传播。而沉浸式体验正好弥补了传统旅游方式的不足，这主要体现在以下两方面。

第一，随着现代技术的发展，沉浸式体验为红色旅游景区呈现多样化特色发展提供了可能。一方面，沉浸式体验实现了地区间红色旅游景点的联动，打破了传统游览过程中单向说教式和被动接受式的模式，实现了线上情境与线下讲解相融合的传播方式。另一方面，沉浸式体验可以让人们通过 5G 和 VR 技术在线上随时随地感受还原的历史场景，实现全景实时直播，能够解决大众审美疲劳等心理，使游客身份实现从"游览者"到"主导者"的转变，从而增强人们的观感与体验感。

第二，沉浸式体验突破了原有的旅游体验局限，并有效地缓解了景点内容单一的现状问题。沉浸式旅游体验根据景区自带的文化效应，扩大爱国主义教育受众面，在提高人们对红色文化精神理解的同时，也将全面升级旅游目的地建设，使红色旅游资源价值得以更好的发挥。

其次，随着近年来中国红色旅游的兴起，红色文化纪念馆与红色旅游的结合十分紧密，红色文化纪念馆的建设和发展迎来了新的高潮。中共中央、国务院 2019 年 11 月发布的《新时代爱国主义教育实施纲要》指出，开展新时代爱国主义教育，要"广泛组织开展实践活动。……组织大中小学生参观纪念馆、展览馆、博物馆、烈士纪念设施"，明确要求爱国主义教育基地"加强内容建设，改进展陈方式，着力打造主题突出、导向鲜明、内涵丰富的精品陈列，强化爱国主义教育和红色教育功能为社会各界群众参观学习提供更好服务"。①

红色文化纪念馆一直是弘扬红色文化的重要手段，纪念馆功能的发挥依赖于其内容质量、展示设计的表达。红色文化纪念馆作为红色文化传承与爱国主义教育的基地，不仅仅要提升红色文化展示效果，还要与观众建

---

① 新华社：《中共中央国务院印发〈新时代爱国主义教育实施纲要〉》，http：// www. gov. cn/zhengce/2019-11/12/content_ 5451352. htm。

立连接，完成人与物的沟通，以更有趣、更人性化的方式向游客传达红色文化信息。为了调动观众的多维感官系统，给予观众更深刻的红色文化体验，红色文化纪念馆应科学合理地运用好以 VR 为代表的沉浸仿真技术，以打造沉浸式观展体验，实现更加震撼的空间表达。

当前，许多红色文化纪念馆仍然使用传统的展示方式，展览形式主要以实物展示为主，如照片、绘画、文字、历史文物等都是红色文化纪念馆的要素。VR 技术的出现迎来了重大的调整和改造，但也主要是从声光、VR 影像方面提升展示的视听效果。参观者可以通过佩戴移动设备与虚拟场景中的内容进行互动，并且可以通过 3D 手势、眼动识别来控制虚拟场景中的某些参数。这使参观者沉浸在虚拟世界里，在深度人机交互过程中感受红色文化的魅力。例如，在"大柏地战役 VR 体验系统"体验中，观众穿戴好 VR 设备，屏幕上立即出现大柏地战役的背景介绍，随后进入战争场景，动态人物、烟雾等特效都被投射到静态场景中，炮火声就在耳边响起，让观众真切体验到战斗的紧张激烈，获得逼真震撼的效果。

数字孪生的融入，利用虚拟仿真和互动设计，观众直接参与到展示空间中来并成为展示的有机组成部分，这能够提升展示内容的体验性，减轻红色文化中严肃性带来的距离感。此外，在感官调动上，利用大型影像空间，通过营造震撼的空间氛围来升级视听体验，结合参观者的位置和行动轨迹，自动调节光线的强弱以及声音的远近，同时根据特定的场景需要，释放某些气味刺激参观者的嗅觉，能对观众的视觉、听觉、味觉、嗅觉、动觉等进行同步刺激，调动观众多重感官参与体验，使观众获得更深刻的沉浸体验。

例如，合肥渡江战役纪念馆，在数字孪生等多种数字化展示手段下，使用暖色光作为背景光，展示空间由漆黑的"天空"，有高高的桅杆战船模型，也有利用投影技术虚拟的战船，观众所处的位置以及行走轨迹，自动调节光线的强弱以及声音的远近，视线被虚实场景团团围住，身边不远处的"炸弹"，耳边不断响起的"枪炮声"，同时在展馆内部释放一些气味，让参观者在脑海中形成"战场""硝烟"等意象，与红色文化元素暗暗契合。这些战争场景的艺术化重现，让观众在半个多世纪以后仍然能够感受到当年的波澜壮阔，领略人民解放军正义的力量。

红色历史遗址是红色文化展览馆设计工作中的重要组成部分，新展示设计技术的出现，一方面是保护红色文化遗址、弘扬红色遗址价值的一条有效途径。随着时间的推移，红色文化遗址可能会被自然灾害破坏以及人为破坏，虚拟技术和 AI 技术则对红色历史遗址起到了保护作用。另一方面是各种沉浸展览馆带来的特殊体验感和新鲜感更能提起年轻人的兴趣，让越来越多的年轻人增强观展的兴趣，主动走入展览馆感受红色文化的魅力，真正有效地进行了红色教育，进而形成了良好的社会氛围，这对社会主义文化建设工作起到了很大的推动作用。

最后，山东广播电视台大型 VR 系列纪录片《红色记忆》，以最前沿的 VR 技术为创作手段，展现红色基地场景及精神内涵，是国内首次运用 VR 大范围拍摄的党建片，是向党的百年华诞献礼之作。一贯到底的全景、对环境的全息纪录以及 360 度全景都具有很强的代入感、沉浸感，[①] 让人产生身临其境的感觉。作为一种沉浸式爱国主义教育体验，除了沉浸式景区、沉浸式纪念馆，还有"红色剧本杀"、红色剧场、红色电影小镇等都成了当下深受年轻人喜爱的党史学习教育新途径。

---

① 刘何雁：《创新 VR 手段弘扬红色文化——以 VR 纪录片〈红色记忆〉为例》，载《现代视听》2018 年第 5 期，第 26-28 页。

第十章

数字孪生教育应用的伦理探讨

数字孪生的概念是由美国密歇根大学教授迈克尔·格里弗斯首先提出的，格里弗斯将其称为"镜像空间模型"，并将其作为产品全生命周期管理的理想工具引入，被理解为一个包含所有物理孪生信息的虚拟系统。[①]近年来，大数据、人工智能、区块链等新兴技术在教育领域的应用已成趋势，数字孪生也开始从工业制造延伸到教育领域。愈来愈多的学者前瞻性地洞察到数字孪生在教育领域的应用价值，创造性地提出了教育数字孪生的概念。教育数字孪生是指利用数字孪生对教育领域的物理实体进行全方位数据采集、全面数字化建模、精准映射物理实体的实时动态信息，在虚拟空间呈现物理实体，使教育领域的所有参与者都能实时掌握教与学全过程的最真实状态，并能对教与学的历史数据进行溯源，对教与学的趋势进行预测，提出合理化的教与学建议，实现虚拟世界与现实世界互联互控、融合共生、同生共长。学术界和产业界对数字孪生在教育领域的具体应用场景做出了广泛的畅想，如数字孪生作为学习者尊享的学习分析师，同时也是教师的智能助手，尤其在虚拟实践教学方面，学习者可以在孪生空间进行实践性操作，这有助于推动传统教学方式的根本性变革。数字孪生技术能实现个性化教学，让每位学习者都能利用自身的数字孪生体，按适应的节奏进行学习与实验。数字孪生可通过数字可视化方式监控、预测教育

---

① Bergs T, Gierlings S, Auerbach T, et al. The concept of digital twin and digital shadow in manufacturing. Procedia CIRP, 2021, 101: 81-84.

领域中教学设施的能耗、故障及安全情况，助力绿色健康校园建设。数字孪生可对教学历史数据进行采集、分析与评估，优化教学策略，并作为优质教学资源平台创设远程教学，促进教育公平。数字孪生技术在教育教学中的应用，可以为教育教学赋能，为智能时代的教育教学创造出无限的可能。尽管数字孪生在教育中的应用能给教育领域带来前所未有的变革，但其具有的虚实共生、精准映射等特征，将引发新一轮更大的伦理风险。因此，探讨教育领域数字孪生技术应用所带来的伦理问题，是一个具有十分重要的理论价值和实践意义的前瞻性和前沿性课题。

一、数字孪生教育应用的伦理问题表征

（一）主体伦理：现实与虚拟谁主谁客

数字孪生在教育中的应用必然涉及人与孪生体之间的关系。人与孪生体共生的教育生态即将生成，孪生体在教育中扮演的角色将会愈来愈重要。从学习者孪生体的角度而言，它能动态跟踪、评估学习者的真实状态，解决学习者的难题，实现学习者孪生体与学习者同生共长。从教师孪生体的角度而言，它能对学生学习的多元异构数据展开综合分析，优化教学策略等。在人与孪生体融合共生的世界，人与孪生体镜面映射，一定意义上两者完全一致，是否也应该享有同等的主体地位和社会责任？这一系列伦理问题，都值得深入思考。

相较于将作为主体的人与作为客体的研究对象的二元划分的方式，数字孪生实际上是一种包含人的主体意志与研究客体的整体，也就是说，整个通过数字孪生所引发的认识过程是主观与客观的统一。[①] 在传统的哲学架构之中，我们把"活动的发起者——人"作为主体，把"活动指向的对象"作为客体；那么，在教育数字孪生应用中，教师或者学习者在物理世

---

① 于金龙、张婉颉：《数字孪生的哲学审视》，载《北京航空航天大学学报（社会科学版）》2021 年第 4 期，第 107-114 页。

界发起活动，成为主体，教师或学习者能在教育数字孪生中审视和完成对物理世界全过程映射和理想化原型呈现，该过程所指向的对象即其对应的数字孪生体成为客体。

按照传统哲学的主、客体设定，可推断出"人是主体，孪生体是客体"的结论。所以，数字孪生在教育领域应用过程中，作为主体的现实人与作为客体的孪生体在高精度"互动"过程中映射出自身的各项数据信息，使孪生体与现实人的地位出现异位。数字孪生在教育领域的应用过程中，作为客体的学习者孪生体能通过算法分析、深度学习，主动为学习者定制个性化的学习资源和最优的学习方案。同样的，作为客体的教师孪生体能在课前、课中、课后动态分析数据，自主制定教学计划及自动化处理教育教学难题，出色地完成教育教学任务。但此时，客体被人化，带上了主体的色彩，"肆无忌惮"地替人"选择"和"决策"教学内容和教学方案。最终，教师和学习者都甘愿被教育数字孪生所"统治"，形成"依赖的意识"，完全依靠孪生体进行教与学，逐渐沦为"数字孪生的奴隶"。这时，主客体关系发生了异化，人类制造的产品"反客为主"，统治人类，使之丧失主体独立性和主动性。可见，人与孪生体各自的地位如何，到底谁主谁客？这将是教育数字孪生无法回避的伦理难题。

（二）关系伦理：师生角色、师生关系与师生情感

1. 重新审视教育数字孪生时代师生各自的角色

在教育数字孪生环境中，教师的传统角色被高效的教师数字孪生所取代。新课程改革的基本理念是"学生主体，教师主导"，教师和学生的角色相对固定，但教育数字孪生的出现，打破了传统的教与学的动态平衡，人们不得不重新审视教育数字孪生时代师生各自的角色定位。教育数字孪生对学习者的学习全过程的深度洞察、快速反馈，能更加精准、高效地让学生靠数字化分析来应对考试，达到标准化教育的目标。届时，从教学过程、决策到反馈等大部分教师工作都将由教师数字孪生承担，教师将从传

统枯燥、重复的日常教学任务中得到解脱，教师角色最终将发生转变。

与此同时，在教育教学中学生主要担任学习者的角色，数字化时代的到来对学生的学习能力、实践能力、数字素养提出了更高的要求，也使学生面临更多的伦理问题。首先，传统课堂主要通过老师讲授知识，逐步引导学生进行思维训练，但是教育数字孪生的出现能通过数据分析直接给学习者呈现最终需要的学习结果，这就忽略了学生作为学习者所必须进行的学习过程。其次，学习者数字孪生体的知识储备能力、分析能力、深度学习能力在一定程度上超越了学习者真人，这会让学习者逐渐对自己失去信心，走向悲观消极，最终沦为教育数字孪生的附庸。

2. 教学过程中师生关系的改变

随着教育数字孪生的不断发展，除了传统课堂的师生关系、生生关系，还新增了人与孪生体、孪生体与孪生体之间的关系。教育数字孪生的介入，那些以教师为主导、学生为主体的传统教育关系必将受到冲击，师生、生生之间的关系从"我你"转化成"我他、他你"，进而弱化了人际关系。教育不再是"面对面"的知识教授、人才培养，而是以数字孪生为中介进行学习、交流，严重忽视了教师与学生的关系在教育教学过程中的重要性。教育数字孪生不但减少了师生之间和学生之间的相互交流、互动的机会，而且让他们逐渐丧失建立联系的机会和能力，导致师生关系愈加冷漠。教育数字孪生介入师生关系后，传统的师生二元关系向四元关系的转变，超越了人的可控范围，破坏了教学过程中原有的人与人之间的良好关系。

3. 数字化教育过程中师生情感缺失

数字孪生教师永远"在场"却又永远"缺席"。教育数字孪生的运行皆以数据为准绳，然而，总有一些教育因素是无法量化的，很难以数字的形式呈现，并且数据本身缺乏温度，导致教育数字孪生缺乏对人与人之间情感互动的关注，进而产生情感伦理风险。首先，学习目标片面化。教育数字孪生虽然能对师生情绪、表情等进行监测，但也仅限于对表面情绪、表情进行偏好计算，很难理解其中复杂的心理变化，并产生共情。现实教师被誉为"人类灵魂的工程师"，不仅能言传身教地将书本上的知识传授给学生，还能通过师生交流、互动，潜移默化地培养学生的品德、道德和性格等其他非学习因素，达到立德树人的教学目标。其次，社会情感淡化。师生在现实教育教学中，一般是教师通过对学生的敏锐观察，走进学生内心，以恰当的方式给予学生情感支持和关怀。同时，学生在老师的关怀下积极回应，尊重和爱戴老师，基于这样的情感互动，达到师生共情。然而目前，数字孪生尚难以对复杂且多维的情感体验进行互动和反馈，教育数字孪生的情感盲区会在一定程度上束缚学生的社会情感习得的过程。

（三）技术伦理：数据泄露与算法风险

1. 海量大数据存在全景监控和隐私泄露风险

教育数字孪生可对教育领域的诸多要素进行全方位的数据采集，对教师和学生的教与学的全过程进行全面感知，建立对应的数字模型，溯源历史数据，预测教学趋势，并以数据的形式反馈和呈现。因此，教育数字孪生的正常运作离不开大量的教育数据的支撑，但这些数据一经产生，就会被数字孪生开发公司或学校管控，它们在实际运用中存在很多新的数据伦理问题。这些无所不在的数据"全景监控"，在某种程度上，使人在孪生世界中变成了"透明人"。数据安全得不到保障，更有外泄的风险，私有信息一旦"公之于众"，个人隐私将会受到侵犯。当前，人们最关心的是数据与隐私的安全问题。因此，在教育大数据爆炸的时代，教育数字孪生在尚未有安全可靠的数据保护的情形下，全景监控和隐私泄露等伦理问题仍然亟待解决。

2. 个性化推荐存在算法黑箱和算法歧视风险

教育数字孪生为学生提供的个性化定制推荐必然以海量教育数据为基础，无可避免地对个人学习信息、学习行为记录、兴趣偏好进行采集、判断，这其中包含大量个体不想曝光的历史成绩、学习习惯、课堂参与度与集中度、社交范围等。算法创设主体收集个体基本数据信息进行数字化建模，推断其兴趣偏好与发展趋势，贴上数字标签，进而推送"量身定制"的课程内容和学习内容。表面上，教育数字孪生为学生提供了更多定制化和多元化的学习内容和学习方案，但实际上，这个算法"箱子"的数据仅是学生历史状况的输入，再通过算法运算过滤掉与之不匹配的学习内容，至于"学什么和不学什么""多学什么少学什么"都由教育数字孪生所决定，最终输出所谓的最优推荐。数字孪生个性化推荐的数据采集、过滤和生成过程对大多数人来说是一个"算法黑箱"，这样的以历史偏好为导向的算法推荐难免使信息走向狭隘化、同质化，给学生展现了一个不完整的世界，与学生全面发展教育目标相悖。

个性化推荐也存在算法歧视的风险。标签化与类别化也意味着"去个性化"，这种做法将会滋生"刻板印象"和社会偏见等现象，对个体造成一定程度上的误判和伤害，而认知上的偏见会导致行动上的歧视。[①] 譬如，利用数字孪生对学生进行评估，要基于历史数据作出决策和判断，若数据显示该学生曾经有过扰乱课堂纪律或者考试作弊等违纪行为，教师在今后教学中不可避免地对该学生带有偏见，先入为主地判断其为品行不良学生，在处理问题时难免存在偏差和歧视，进而影响了学生个人的成长和发展。

（四）资源伦理：资源牟利与教育不公

1. 利益相关者利用资源牟利

数字孪生在教育应用过程中必然伴随着教育大数据的产生，而大数据如同石油资源一样，蕴含着巨大的经济价值和经济利益，那么必然涉及利益相关者对资源分配的伦理问题。教育数字孪生的利益相关者应该包括：第一，数字孪生设计者，包括数字孪生开发公司、相关技术人员和研究人

[①] 匡文波：《对个性化算法推荐技术的伦理反思》，载《上海师范大学学报（哲学社会科学版）》2021年第5期，第14—23页。

员；第二，数字孪生操作者、决策执行者、数据主体，主要指产生数据和决策使用的教师和学生；第三，数字孪生监测者，主要指学校的管理人员。也就是说，从教育数字孪生的设计、应用、监测全过程所涉及的利益相关者甚多，并且有潜在的牟利机会和可能。数字孪生设计者和数字孪生监测者可以通过丰富的数据资源尽可能多地谋取更大的经济利益，如数字孪生空间蕴含的大量个人信息、教育大数据分析所得的成果，都可通过贩卖数据资源得到经济利益，这也必然造成利益相关者的利益纠纷。

2. 数字鸿沟引发教育不公

人们意识到数字孪生的应用能给当前的教育事业带来新机遇，同时，也应关注到数字孪生带来的新伦理问题，若不能确保数字孪生在教育应用中的包容性和公平性，新一轮数字鸿沟的出现会引发人们对教育公平性问题的思考，甚至加剧社会不公。首先，数字孪生时代的到来，在世界的一端，我们享受着数字孪生带来的红利，无论身处何地都能利用数字孪生打造虚拟课堂，打破时空和设备的限制，共享优质的教学资源和师资。然而，在世界的另一端，在偏远落后的地区，破烂的教室里没有设备，没有资源，与进入数字孪生时代的地区有着巨大的"设备鸿沟"。其次，经济落后地区的教师在教学过程中普遍缺乏使用数字孪生的知识储备和技术技能，也缺少参加学习和培训的机会，即使配置了数字孪生设备也不能正常使用，形成了发达地区学校和偏远落后地区学校之间的"技能鸿沟"。最后，在教育数字孪生应用过程中也存在"使用鸿沟"，长期、实时、稳定的数据传输对网络提出了更高的要求，使其"使用"存在巨大困难。历史经验表明，新兴技术在教育领域的应用上，并不会缩小世界各地教育的不公，反而会扩大教育"数字鸿沟"，进而引发新的社会危机。

二、数字孪生教育应用的伦理问题成因

(一) 教育主体性异位

教育领域数字孪生技术的应用，使教育者和学习者的主体地位即将面

临或正在面临着挑战，主要原因是教育主体性的异位企图颠覆传统哲学框架下的主客体关系。

1. 教育主体客体化

教育数字孪生的应用离不开两个关键步骤，第一是把物理世界中的主体（这里主要是指教师和学生）通过高精度传感器和智能识别技术精准映射教育中的教与学行为，包括一般的学生学习行动分析、课堂互动和教学行为分析等，甚至通过学生面部表情识别，分析学生的课堂专注性。总而言之，数字孪生能"监测"并"剖析"学生的外在行为或内心动向，主动承担人的"职责"。久而久之，学生开始摒弃对外界的思考、判断和选择，丧失了获取信息的自主权，学生的主体性逐渐被消解，现实中的一个重要表现就是个性化教育下学生"幼稚化"①。最终，把教师与学生"降格"为一个节点、一个近似于"物"的对象、一个可随时随地进行"监测"和"剖析"的客体。

2. 教育客体主体化

关于"谁是主体，谁是客体"的哲学假设，我们一般认为"物永远是客体，不可能是主体"。而教育数字孪生运行的第二个关键步骤似乎改变了我们通常所承认的主客体关系，让人对自己的主体地位产生空前的危机意识。教育数字孪生是在对物理实体的精准认知基础上，把孪生体脑中建构的理想化原型的改造在现实中呈现。即数字孪生通过自己的智慧思考、理性分析，为教师和学习者提供最优的教学方案。教育数字孪生不能独立于教师和学生主体而存在，根据它内置的程序认知某一教学现象时已具有价值观念，此时，教育数字孪生被"人化"，有了"主观能动性"，这使得原本作为客体的"孪生体"撼动了传统教育教学中人的主体地位，"统治"了现实人，成为新一代的"教育主体"，这时孪生人已经实现"客体主体

---

① 张志华、季凯：《应用伦理学视阈下人工智能教育的反思与应对》，载《南京邮电大学学报（社会科学版）》2021年第5期，第1-10页。

化"了。马克思认为，人类的主体地位体现在人的社会实践上。① 然而，教育数字孪生却没有进行真实的社会实践，它本质上只是在虚拟空间完成理想化的建构，尚不足以成为"教育主体"。那么，它为何能够通过"思考"能动地提供教学内容？这是因为这些"智能行为"完全"依赖"于学生在线学习时留下的"数字足迹"②。这些数据都来自教师和学生的教与学实践活动，而不是数字孪生通过自己的社会实践所获得的"认知"。在这个意义上，教育数字孪生并不是真正意义上具有能动性的主体，是人让孪生体"升格"成了主体。

（二）教书育人相脱离

1. "教书"使命迷失

基于数字孪生的教学和管理改变了师生的地位和角色。数字孪生通过实时交互和精准映射及时更新数据库，使之无限接近真实的教学状态。教师与学生在课堂上的教与学行为逐渐演变成了"数字化产物"，教师的教学方法和教学管理不是通过自身经验、专业敏感性和角色意识来实现的，而是通过可视化数据推动和决策的，这将打破师生交互的"被动性"，充分把握教育教学的主导地位，成为全过程伴随学生学习的新"教师"，为学生排忧解难。由于这个"教师"的知识无穷无尽，并且不会像现实中教师那样"批判"他们，因此学生与数字孪生教师的关系变得越来越密切，学生可能更加信任数字孪生教师。此外，教育数字孪生由技术主导、数据导向能实现精准高效，使教师迷失自我，对其产生盲目崇拜，习惯性地依赖数字孪生给出的教育教学推荐，模糊了教师职能，使其逐渐失去原有的专业价值，教师"教书"的角色将会被替代。

2. "育人"价值瓦解

"师者，所以传道、授业、解惑也。"这是古往今来对教师职责的定

---

① 中共中央编译局：《马克思恩格斯文集》（第一卷），人民出版社 2009 年版，第 162 页。

② 刁生富、吴选红、刁宏宇：《重估：人工智能与人的生存》，电子工业出版社 2019 年版，第 189 页。

位。当下，教育数字孪生能以多元化、便捷化的方式为学生授业、解惑，助力教师实现知识与技能教学目标，但"传道"，即情感与态度教育是数字孪生无法理解和模仿的，学生的价值观难以建立在与数字孪生"交流"的基础上。人的生活不同于孪生体的生活，人有主体性、会思考，而教育数字孪生是无思的，即使学习者自身对应的数字孪生也无法代替人类的思想。教育不仅要教会学生知道"是什么"，更要培养学生去主动思考"为什么"和"怎么做"，从而促进学生形成积极的情感、端正的态度和正确的价值观。人与孪生体交互的本质则是"数据输入—数据输出"的规定性程序，当教育数字孪生在教师和学生之间搭建起桥梁时，尽管人与孪生体仍存在"交流"，却非"主体间"的情感交流与互动，原本人与人之间充满温情的关系氛围与情感交流被数据采集与共享削弱。迫于升学压力，更多的学校会采取教育数字孪生对学生进行监控，机械化提高学生的学习成绩，而非坚持"育人"为教育使命，过度依赖数字孪生会使教师的"育人"价值瓦解。

（三）技术的负面性

1. 技术异化导致人和教育的异化

数字孪生是一项综合性技术，基于教育大数据进行数据运算并以数据的形式呈现个性化定制服务。教育大数据汇聚各式各样的教育信息，甚至隐私信息，一旦被非法获取，这不仅关乎隐私泄露问题，还可能造成教育信任危机。数字孪生作为新兴技术，其数据的采集、储存和分析极其复杂，甚至开发者个体也无法全面掌控，技术可能倒过来控制人类，更谈不上享受其带来的技术成果。此外，大数据生产者也无法完全控制自身生成的数据，而且随时都有可能给自身造成损害，甚至无法洞悉其到底会带来何种损害。数字孪生大数据采集是否具有明确的标准规范？数字孪生采集的数据是否依据标准规范进行使用？标准规范是否包括数据使用后的处理问题？如此等等的一系列安全隐患尚未解决。一旦被肆意滥用，必将导致基于数据的数字孪生异化，牵连教育异化，给教育隐私带来巨大的威胁。

2. 个性化算法推荐的局限性

数字孪生算法本身的局限性也是引发伦理问题的肇因。首先，数字孪生算法推荐是不透明的，使用者几乎无法洞悉设计者的意图，更无法知晓个性化推荐的生成方式，即使设计者本身也难以解释这个技术的复杂性，可将其称为"算法黑箱"。其次，在这个"黑箱"内，数据的收集、选择、存储与使用等过程都隐含着人类价值观，这就是数据中预先存在的歧视因素，这些数据中本就存在的偏见将导致算法歧视。[①] 数字孪生基于教育大数据的个性化算法推荐，推送的内容不仅包括为学生"量身定制"的学习内容，也无可避免地将预设的包括个人的世界观、人生观、价值观、民族观的意识形态内容精准推送给学生。因为开发者首先是企业的员工，是技术设计的实施者，企业利益和企业发展与之密切相关，因此设计算法时，他们以企业的利益至上，开发以公司利益为主导的技术，以致在主观价值立场或意识形态参数设置上会有所偏差，这就形成了人为的算法偏见。

(四) 社会资源失衡

1. 社会资源分配不均

无论是数字孪生利益相关者的利益纷争，还是发达地区和欠发达地区之间的教育"数字鸿沟"，其根源都是社会原有的资源分配不均，导致教育起点不公平。首先，我国幅员辽阔，各个地区之间的经济发展无法避免地存在差异，尤其存在着城乡贫富差距，大量优质的教育资源在发达地区得到优先落实，师生们分配到更多的社会资源，其中就包括信息和新技术资源。他们能够更早地接触数字孪生，更熟悉地掌握数字孪生，数字孪生成为他们日常生活中的一部分。同时，也正是由于发达地区优先享有新技术资源，各地区资源分配不均，教育数字孪生的利益相关者都想率先抢占

---

① 刁生富、张艳：《人工智能时代的算法歧视及其治理路径》，载《佛山科学技术学院学报（社会科学版）》2021 年第 1 期，第 5-10、28 页。

先机，从中牟利。

2. 数字孪生使用者数字素养不足

在欠发达地区，教师数字素养不足。一方面，教师自身对数字孪生缺乏了解，数字技术素养、信息化教学能力较低，对数字孪生在教育教学中的应用一筹莫展、无从下手。另一方面，欠发达地区的教师对数字化的重视程度远远比不上发达地区的教师，其对参加数字化技术认知和操作的学习机会也较少。

3. 底层数字基础设施较差

教育数字孪生"使用鸿沟"的出现，也与底层数字基础设施有关。这主要是因为发达地区与欠发达地区的底层数字基础设施差距甚远，各地区教育资源均等化无法实现，偏远地区无法享受优质的教育资源。偏远落后地区的教育状况凸显了底层数字基础设施不完善、教育资源贫瘠等问题。底层数字基础设施不完善首先表现在网络接入困难和网络不稳定，无法实时传输实现全面教育数字孪生。因此，教育资源共享更加无从下手，教育不均衡也愈演愈烈。

三、数字孪生教育应用的伦理问题应对

（一）建构以人为本的伦理共识，巩固人的主体地位

1. 重塑人在教育中的主体地位

以学生为课堂的主体是新课程改革的显著体现，其更强调人的主体地位和权利。智能时代，对于可以帮助人甚至可以替代人完成某些认知任务的"智能体"，可否称为"第二认识主体"？答案是否定的，我们仍然认为认知主体是人。[1] 数字孪生永远不能取代主体，在数字孪生时代，重塑人的主体地位十分重要。受到数字孪生实质性的介入和影响，孪生体与现实人之间的界限势必模糊化，人的主体性被遮蔽，人对孪生体的依赖程度等

---

[1]　吴国林等：《当代技术哲学的发展趋势研究》，经济科学出版社 2018 年版，第 365 页。

因素关系到教师与学生对教与学过程的认知，关系到数字孪生对教师与学生的作用方式与效果等，应发挥数字孪生的工具性和辅助性功能，明确责任边界，保障人的主体地位，促进人的发展。因此，要从价值论的视角正视人的主体性的意义和作用，重塑数字孪生环境下人的主体地位，使人在虚拟教育场域也能保持主体意识与主体能力。

2. 加快数字孪生伦理建设，构建虚拟与现实共同体

首先，重视数字孪生发展的伦理研究，加快数字孪生的伦理建设。尤其要加大数字孪生伦理学习的研究力度，明确数字孪生何以进行伦理学习，伦理学习何以让数字孪生向善，伦理学习有何影响等问题，基于这些问题的讨论来探索数字孪生伦理建设路径，努力培养数字孪生应用于教育的"伦理意识"。我们应树立正确的伦理观，用理性的态度看待数字孪生，分析其主客体关系和过度依赖问题。因势利导地完善伦理建设，以科学发展的方法来解决数字孪生伦理建设所产生的一系列问题，使客体与主体和谐相处。同时，通过制定数字孪生道德伦理标准和相关法律法规，明确数字孪生在教育应用上的伦理道德基础。其次，建立教育数字孪生发展的管理机制。孪生体是由人衍生出来的，但又独立于人类自身，缺少人的思考意识，其依据历史数据的溯源和程序化地依照已有的数据信息进行自动决策，因此，亟须建立数字孪生的管理机制。规范的数字孪生环境和管理机制，将有利于充分发挥孪生体的辅佐作用，促进人的全面发展。反之，如果对数字孪生环境不加以规范，就可能造成数字孪生滥用，甚至使人类沉溺于数字孪生，对数字孪生的"选择"和"决策"盲目崇拜，逐渐削弱人类的主观能动性，最终丧失主体性地位。因此，完善数字孪生管理机制迫在眉睫。最后，加强孪生体与人的有机结合，构建虚拟与现实发展共同体。数字孪生通过对物理实体的精准映射，在虚拟空间中运算、改造呈现出最理想化的原型，指导物理实体的实践正向发展。因此，孪生体与人的有机结合刻不容缓，这样的结合有利于提高人的主体性地位，使主体能充分利用数字孪生实现自我实践能力的提升。

（二）建立教育数字孪生新型师生关系

1. 构建"教师—教育数字孪生—学生"虚实协同教学

数字孪生时代，以教育数字孪生为中介的教师、学生三元共存。无论是教师与教师孪生体还是学生与学习者孪生体，他们之间都是"我与他"的关系，要学会与数字孪生协同教学。数字孪生可以代替人做很多事情，在教育领域发挥的作用将无法估量，但孪生体毕竟不是"人"。教师应充分利用数字孪生的工具性，构建"教师—教育数字孪生—学生"虚实协同教学，从而提升自身"数字化教学力"。一方面，教师利用数字孪生可协同完成部分烦琐重复的教学工作，如试卷命题与作业批改，基于数据分析提供各种各样的具有针对性的学习资源等。另一方面，教师要对数字孪生提供的丰富学习资源保持专业敏感，协同选择、分析、整合有利于学生发展的信息，将数据转换为教学目标、教学方法和管理能力，避免学生在数字孪生世界中迷失，承担现实教师的"教书匠"责任和角色。

2. 还原教师教育在场性

数字孪生时代，教师要凸显自身职业的独特性和不可替代性，要成为一个不被孪生体所取代的优秀老师，就是要有别于数字孪生的"在场"却"缺席"，重视教育主体的过程性体验，向技术中投入人文关怀，还原教育现实的在场性。①完整的教育过程不只是运用"精准测量"以达到成绩提高的知识教育，更重要的是包括"发现"与"体验"的过程，这个过程是人性教育、素质教育、情感教育和创新教育，是学生实质性的发展。学生能感受到生命的温暖和仁爱的力量，进而学会相互传递温暖和仁爱。此外，评价优秀教师不再以知识权威、全知全能为标准，标准化的数字孪生灌输教学难以适应学生全面发展的时代要求；相反，能借助数字孪生全方面精准把握学生成长的需求，并及时给予细致入微的个性化关怀，这样的教师

———————
① 孙田琳子：《虚拟现实教育应用的伦理反思——基于伯格曼技术哲学视角》，载《电化教育研究》2020年第9期，第48—54页。

既"在场"又"在席"。让数字孪生时代的师生伦理关系良性发展，既增强"智育"又重视"德育"，以德育人，与学生保持良好的情感交流和互动，以"爱"打造师生共情，还原教师教育在场性。

（三）构建教育数字孪生伦理规范体系

1. 加强顶层设计和技术创新

信息技术更新迭代快，传统法律法规已经不适应数字孪生新时代，亟须加强教育数字孪生顶层规划设计，在遵循数字孪生、大数据等技术的一般标准规范的前提下，结合教育实际特点，制定教育数字孪生伦理标准和管理规范。[1] 首先，运用国家强制力科学管理教育大数据，制定个人教育数据保护法，使教育数据的收集、应用、贮藏和销毁各个环节都有法可依。一方面，教育信息必须在数据生成者知情和同意下采集和应用，尽可能匿名处理数据信息，尊重数据生成者的隐私权；另一方面，要建立教育数据防御设施，如发生数据泄露，应马上启动相关法律法规支持，使教育数据从采集到应用环节全过程都受到法律的约束和制约。同时，还要提高人们的法律意识，大力宣传各种数据规范和法律法规，避免因教育数据产生的伦理问题。

此外，要从根本上解决教育大数据带来的伦理问题，关键是解决其核心技术——大数据技术的缺陷，从技术层面保障教育数据安全。首先，保证采集数据的全过程都应在加密的情况下进行，模糊处理采集到的教育数据，构建教师、学习者个人隐私加密防护体系。其次，加强技术创新。当下，各种智能技术在教育领域的应用方兴未艾，数字孪生想要在教育领域独树一帜，必须加强技术创新，技术开发者应创新技术研发，尽可能克服教育数据带来的各种挑战。最后，融合其他智能技术如区块链、人工智能等技术，着眼于教育信息的安全保护，形成智能技术集成对数字孪生的教

---

[1] 高山冰、杨丹：《人工智能教育应用的伦理风险及其应对研究》，载《高教探索》2022年第1期，第45-50页。

育大数据进行监测和管理，提高教育数字孪生大数据的安全应用水平。

2. 保持算法的透明化和可解释性

教育活动的持续健康发展必须确保教育的透明化和可解释性。教育数字孪生应用中，教师、学生、家长和教育管理者必须明晰算法的内在逻辑，整个算法是透明的、可解释的，同时也务必认清算法自身存在的局限性，以此规避无法预料的风险和道德伦理危机。首先，教师务必参与算法的开发和管理的全流程，这样才能提高数字孪生的算法透明性和可解释性。算法的设计和开发要基于对未成年人教育、教师工作方式、学校教育现实环境等的深刻理解，算法和形成算法推荐完成后要进行系列的测试，只有通过包容性、公平性、可靠性、透明性、可解释性等的检验和风险评估，才可以投入教育实践领域。[①] 教师参与对算法"黑箱子"的管理，通过监控的方式避免算法箱子的关键数据遗漏，以及要监控使用者是否为了提高数字孪生的经济效益和效率，而肆无忌惮地变更数据变量；要监控数字孪生是否有存在区别对待学生的行为，以及数据的输入和输出之间是否能够保证全流程的透明、公开、公正；最重要的是，要保证数字孪生算法中不存在歧视问题的情况，以免数字孪生在不知不觉中侵犯教师和学生的权利。另外，明确定义算法的应用范围，以确定老师和学生算法的作用、初始设计目的、算法推荐的作用和可能的产生负面影响和潜在危险。其次，要加强算法监管。一方面，统一教育数字孪生技术标准，实施教育算法准入制度，从制度上防范算法的不公和纠错、问责制度。另一方面，数字孪生公司必须组织专门人员跟踪和监测数字孪生开发、算法设计和使用，随时指出数字孪生和相关数据的错误，并有权对此进行纠正。

---

① 谭维智：《人工智能教育应用的算法风险》，载《开放教育研究》2019 年第 6 期，第 20-30 页。

（四）利用体制机制推进教育数字孪生发展

1. 利益机制设计是解决资源牟利伦理问题的主要抓手

众作周知，数字孪生中蕴含着教育数据和资源，无法避免地牵涉教育行业相关的利益主体，因此，必须确立明晰的利益分配标准来解决资源牟利问题。数字孪生设计者、数字孪生操作者、数据生产者、数字孪生监测者等利益相关者，他们的利益相互关联，相互制约，相互竞争。教育资源伦理直面的就是各利益相关者的利益分配和利益纠纷，教育资源伦理的关键就是平衡各方利益，制定相应的体制机制，最大限度地提高教育数据资源在教育事业运用中的有效性。教育资源伦理中的利益机制设计不只是经济问题更是教育问题。教育资源伦理所涉及的利益主体是多方面的，如教育、社会、经济、个人等，其对应的利益主体也可能是国家、家庭、个人、某个特定组织等多方的，这些利益主体的互动将产生复杂的经济和社会效益，需要加以精心设计、规范和引导。

2. 各级政府和教育行政机构应积极发挥"再分配"作用

教育数字孪生应用所产生的数字鸿沟需要政府和教育行政部门进行宏观调控，制订发展计划，倡导数字孪生教育应用，发挥政府在资源配置中的"再分配"作用。首先，政府应当加大财政资金的支持力度，采取多渠道的资金统筹方式，优先保障教育资金的充足配置和严格落实。其次，以"新基建"为依托建设高性能的数字基础设施。数字时代的教育公平需要高性能的数字基础设施，以开放性、丰富性和连通性为理念，以高速度、低时延和大容量为特点，通过整合碎片化的各类基础设施，支持多元参与并提供触手可及的技术工具，帮助学生学习、探索和创新，从而从根本上提高教育效果。① 在政府的领导下，社会各组织共同协作，共商共建共享新型数字基础设施，着力提升教育数字孪生在欠发达地区基础设施建设与

---

① 吕建强、许艳丽：《5G 赋能数字时代的教育公平刍议》，载《中国电化教育》2021 年第 5 期，第 18-26 页。

应用问题。同时加大教育数字化资源跨区域开放共享力度，在推进协同治理机制中，不断完善合作机制，有效整合资源，满足各方利益诉求，为教育公平提供基础性保障。

3. 创新数字孪生时代的人才培养体系

首先，学校要更好地发挥对学生的引导和管理作用，必须引导学生树立科学的观念，让学生养成良好的数字化技术使用习惯，开拓学生的思维和培养其能力，使学生获取适合自身发展的个性化定制的教学资源，保证数字孪生真正服务于学生的学习与发展。其次，及时更新教师教育观念，理性认识教育数字孪生。从感性的忧虑转化为理性的认知，要理解数字孪生的特点与教学主体、内容、形式、环境等内在要素及结构功能的关系，调节畏难情绪，主动迎接数字孪生带来的教育变革。[①] 最后，提高教师的数字素养和数字技术应用能力是缩小"数字鸿沟"的关键之策。在数字化环境下，国家要助力教师队伍的指导与培训，在完善相关政策的基础之上发展教师的专业素养，为教师提供个性化、具有针对性的培训，如为教师定制个人培训项目、培训课程等。同时也要发挥集体智慧，通过教学研究活动共同解锁教育数字孪生下新型教学方法。数字时代的教师要真正掌握数字技术才不会被教育数字孪生所替代，才能真正成为数字时代的主人。

[①] 吴传刚：《虚拟现实与教学深度融合的机理认知与困境突破》，载《中国教育学刊》2017年第9期，第39-45页。